养老产业与体系构建

透视日本养老

赵晓征　[日]田中理　主编

《透视日本养老》编委会　著

赵鹤雄　　审校

中国建筑工业出版社
CHINA ARCHITECTURE & BUILDING PRESS

图书在版编目（CIP）数据

透视日本养老 / 赵晓征，（日）田中理主编；《透视日本养老》编委会著. —— 北京：中国建筑工业出版社，2021.12（2024.12 重印）

（养老产业与体系构建系列）

ISBN 978-7-112-26791-0

Ⅰ．①透… Ⅱ．①赵… ②田… ③透… Ⅲ．①老年人住宅－建筑设计－研究－日本 Ⅳ．①TU241.93

中国版本图书馆 CIP 数据核字（2021）第 215891 号

责任编辑：刘文昕　费海玲
责任校对：张惠雯

养老产业与体系构建系列

透视日本养老

赵晓征　［日］田中理　主编
《透视日本养老》编委会　著

赵鹤雄　审校

*

中国建筑工业出版社出版、发行（北京海淀三里河路 9 号）
各地新华书店、建筑书店经销
上海培基信息技术有限公司制版
北京中科印刷有限公司印刷

*

开本：787 毫米×1092 毫米　1/16　印张：12½　字数：300 千字
2022 年 2 月第一版　　2024 年 12 月第三次印刷
定价：**68.00** 元
ISBN 978-7-112-26791-0
（38552）

前　言

一、选择研究日本养老的理由

随着中国老龄化进程逐步加深，养老产业也在逐渐升温，受关注度越来越高。医疗、康复、护理、房地产、教育培训、金融、保险、信托、制造业、服务业等相关产业都在关注并开始试水、涉足养老产业。

大家一致认为国外发达国家的经验值得借鉴，因此很多业内人士或者准备涉足养老产业者都前往欧洲、北美、亚洲的许多国家考察调研，不少海外国家的养老机构和企业也已经进入中国市场，交流合作不断加强。

经多方考察调研之后，很多业内人士认为，比起欧美国家，日本的做法和经验教训是更值得中国借鉴和参考的，理由如下：

1. 中国和日本的老龄化速度大致相同，属于老龄化进程快速国家之列（参见《养老设施及老年居住建筑》第一章）。

2. 中国和日本在文化上的血缘关系，所带来的家庭、亲子关系甚至老年人心理价值取向近似。

3. 中国（特别是南方地区）和日本在地理上气候上接近，使得老年人的生活方式及生活习惯也大致相同。

4. 日本是亚洲最先进入老龄化社会的国家（比中国早 30 年），广泛学习吸纳了欧美等发达国家的前沿理念和做法，而且根据东方文化及自身特点做了诸多适合本地情况的调整和提升。

5. 日本 40 多年来针对老龄问题所做的各项尝试、借鉴、探索和不懈的努力，都是亚洲其他老龄化国家重要的参考依据。

6. 日本跻身养老先进国家行列，又是从敬老和重视老人的亚洲儒家传统走出来的，所以具有极其典型的代表性，对中国的影响及借鉴意义巨大。

7. 日本人做事极具条理、讲究细节、注重人性，在养老产业的各个环节做出了典范，在世界范围内都处于领先之列。

8. 从世界范围来看，无论是医疗方面还是福利方面，到目前为止只有日本真正地建立了完整独立的介护体系。这对于尚处于发展阶段的中国医疗、养老和社会保障制度，无疑具有极其重要的借鉴、参照和启示作用。

此外，中国人口老龄化的六大特征（参见《养老设施及老年居住建筑》第二章）致使我们没有充足的时间和经济条件去重新摸索解决中国老龄问题的办法，借鉴日本在老龄政策、社会保障制度、养老设施以及经营管理等方面的经验和教训可以使我们少走很多弯路。

除了在日本研究学习世界发达国家的养老问题和老年人居住环境，笔者也到亚洲的其他国家及地区（新加坡、韩国、中国台湾、中国香港）、欧洲（德国、法国、意大利、瑞士、奥地利、比利时、荷兰、西班牙、丹麦、瑞典、芬兰、英国）、北美洲（美国、加拿大）及澳大利亚等国家参观考察调研了千余家养老机构，对不同国家和地区的比较研究，可以简单总结如下：

1. 世界各地文化产生的历史背景不同，每个国家都有自己的文化特点，老年人的人生观、价值观、生活习惯也不同，在解决养老问题的思路和出发点方面表现出的差异尤为突出。

2. 在生产、流通、金融、信息等大部分领域的国际化背景中，各国又在错综复杂的共存关系中进入了全球化时代。面对全球老龄化的共同课题，各国老人的生活方式和基本要求的共同性增加，在构筑养老体系、建立养老制度上也有很多共同点。

3. 各国有各国的国情和问题，也都有各自的亮点和优势。重要的是要结合中国的国情，解决中国的养老问题，构建符合中国老年人需求的社会环境、居住环境及服务体系。

4. 任何一个国家的做法都不可能完全照搬到中国。养老问题是一个庞大的系统工程，涉及的环节很多，从制度、政策到硬件、软件都会受到诸多方面的制约和影响。借鉴学习国外的经验很重要，但更重要的是深层次地了解研究其背景，不能只看表象，只学皮毛。

5. 相比较而言，中国台湾和日本的做法和经验最适合中国大陆。中国台湾 1990 年进入老龄化社会，比日本晚了 20 年，但比中国大陆早了近 10 年，而且中国台湾现在的老年人多在日本殖民统治时期（1895～1945 年）生活过，有很多老年人接近日本人的生活习惯，他们不仅会讲日语，还受日本文化影响较深。所以中国台湾在养老相关的很多方面都借鉴或引用了日本的一些做法。但是，中国台湾进入老龄化社会较晚，还有很多问题在探索完善中，在政策、设施、服务等方面与日本还存在一定的差距。

6. 欧洲是世界范围内最先进入老龄化社会的，有近百年的探索和尝试，其经验做法有很多可借鉴之处，但其走过的弯路和教训也不少，这对刚刚起步的中国养老业具有很大的启示作用。

7. 美国的养老业在规模、尺度，尤其是商业模式等方面对中国的启示作用比较大，但由于制度、文化等方面的差异，以及美国的国情、生活习惯、思维方式等方面与中国的差异较大，照搬照抄必定失败。

8. 日本在制度、做法、养老体系等很多方面都借鉴、参照了欧洲及美国的经验，并且做了很多本地化的调整和提升。

例如日本的介护保险制度，于1997年制定，2000年4月1日开始实施，并规定"每五年为一个阶段，对此进行全面的研讨，在研讨结果的基础上，采取必要的纠正措施。"该制度自实施以来，通过不断的修正和完善，为日本的医疗、养老和社会保障事业开创了平衡上升、良性发展的新局面。

由国家运营的日本介护保险制度与德国有很多相似之处。德国早于日本5年，在1995年1月开始实施介护保险制度。日本在学习参照德国的基础上，根据自身的条件进行补充和完善，形成了更为完整的符合日本国情的介护体系。在资金来源、支付对象、实施主体、办理程序、介护等级等方面，日本与德国又有一些区别，形成了真正独立的介护体系。

而美国采用非国家运营的介护制度，由于美国大量接受移民，与其他发达国家相比进入老龄化社会的速度比较缓慢。1991年美国在养老设施（Nursing Home）的改革中导入了介护计划和介护管理。由国家运营的介护体系在美国还没有建立起来，而由国家运营的医疗保险制度（Medicare）和高额的自费负担方式及民间保险构成其介护体系。目前为止，美国仍以医疗服务的介护为主要特征，医疗的居家服务也很发达。

日本在制定介护体系的过程中，深入研究了欧美各国的经验和做法（详见本书第二章），再结合自身的特点推出《介护保险法》，并规定实施后每五年进行修订，这种钻研、务实、求全、不断提升的做法也非常值得我们学习借鉴。

中国的养老业尚在起步阶段，结合医疗改革、社会保障制度等构筑新制度的现阶段，非常有必要研究学习其他国家的做法，并通过研究学习，在进一步吸收借鉴各国长处的基础上，建立起符合中国国情的养老保障体系。

二、本书所涉及的范围和角度

笔者主要的研究方向是养老设施及老年居住建筑。但养老只谈论建筑是远远不够的，在研究建筑的同时也需扩展到与养老相关的方方面面。所以，本书所涉及的范围包含养老制度与政策、养老体系与机构、养老建筑与设施、养老服务与运营、辅助产品与应用五个方面。

五个方面的内容相辅相成。要想深入研究了解养老设施及老年居住建筑，必须知道养老制度与政策是什么，怎么制定的，制度与政策对养老设施及老年居住建筑有着方向性的决定作用。对养老设施的体系与机构深入了解，才能知道建筑怎样建，建什么。运营模式会决定建筑功能及其样式。而建筑本身的选址、规划、功能设置、平面布局、立面造型、结构及设备选型、色彩照明、建筑材料、建筑防灾、节能环保、各细部节点等都对老年人的日常生活及生活方式有着重大的影响。运营管理及服务也是不容忽视的重要环节，在养老建筑的策划和设计中，必须考虑如何降低运营成本、服务流程、工作人员的动线等这些软件的内容。而辅具和设备是延长老年人自立生活及提升生活品质的帮手，在现代养老中起到举足轻重的作用。

所以说，养老是一个庞大的系统工程，也需要借鉴学习日本的经验和做法。可养老是什么？怎样借鉴？又使很多从业者产生了困惑并陷入思考。

近几年，大家走出去、请进来，不少日本的专家学者、日本养老产业从业者，都与中国的从业者有过不少的接触和交流。可往往越了解就越是一头雾水，各项制度政策、运营服务、建筑设施、机构模式等，相互关联、纠缠在一起，理不出头绪。在这个过程中，笔者总结有如下三个主要原因：

1. 日本养老产业从业者，如果没有深入的研究、广泛的了解，也很难讲清楚这么庞大的、相互关联的养老体系。可能只对其中的某一部分深入了解，也可能知其然而不知其所以然，所以也就不可能把日本养老行业的脉络讲清楚。

2. 对日本养老行业有深入研究的日本专家、学者，因为对中国的国情和需求了解不够，在面对来自中国同行的提问时，只会按照他的经验和理解去回答，不知道该怎样解答中国面临的实际问题。

3. 大多数翻译没有养老行业的经验和研究，在翻译过程中难免出现词不达意或者直译的问题，这也给理解和沟通造成不少的障碍。经常只停留于一些表象的问题，而难以解决深层的根本的问题。

鉴于这样的状况，本书编著者运用学习掌握的相关知识和中日两国的从业经验，试着从养老制度与政策、养老体系与机构、养老建筑与设施、养老服务与运营、辅助产品与应用五个方面，梳理对日本养老的研究，厘清其脉络及主线，尽可能全方位、立体地解读日本的养老产业，希望对中国的养老产业有些启示，以期抛砖引玉，与业界同行共同探索适合中国国情的养老业发展之路。

本书由日本工业出版（株）组织日本各方专家执笔，最后由本书主编汇总并结合中国养老行业现状做点评。各章内容安排及执笔者如下：

前　言—— 赵晓征（本书主编之一）

第 1 章　日本养老概论——田中理（本书主编之一）

第 2 章　介护保险制度和老年人护理——成田堇

第 3 章　日本养老机构及护理服务的种类与特点——落合明美、成田堇

第 4 章　养老设施的设计原则及设计要点——汤川弘子、赵晓征

第 5 章　养老机构策划及运营的重点——中川浩彰、金泽善智

第 6 章　辅助产品及其应用——田中理、田原启佐、澁谷康弘

第 7 章　日本养老设施实例——每田系美 等

另外，北京赛阳国际的赵鹤雄对本书整体做了多处修改和完善，并提炼确定书名。

在日本，养老行业已发展成为极具活力和市场前景的巨大产业。中国的养老业虽处于起步阶段，但其市场规模和发展潜力之大更是难以预估。特别是，快速老龄化的中国、如此庞大的老龄人口规模，如何养老已是无法回避的社会问题，关系到每个人、每个家庭的生活，也关系到社会的长期稳定和发展。

据预测，中国 2040 年 65 岁以上老龄人口占总人口的比率为 21.8%，接近日本 2015 年的比率，也就是说，中国几十年后即将发生的养老问题在日本现在正在发生。中国 2015 年的老龄化率与日本 20 世纪 80 年代末相当，而且，由于中国人口基数大、遗留问题多、复杂程度高，中国所面临的养老问题比日本还要严峻更多。

研究日本养老产业的目的，就是希望通过深入了解、借鉴日本在养老方面的实践和经验，从多角度透视日本养老，从根本上改善中国老年人的生活和居住环境，探索符合中国国情的养老之路。

赵晓征

中国老年学和老年医学学会标准化委员会副主任委员

中国老年学和老年医学学会康养分会副主任委员

亚洲开发银行贷款中国医疗康养项目特聘技术专家

天津大学硕士生企业导师 & 无障碍通用设计研究中心顾问

北京赛阳国际 & 金龄联合国际公司创始人、总裁

目　　录

第 1 章 日本养老概论

1 日本高龄者福祉的发展历程

1.1 "二战"后至经济高速发展前（1945 年至 1960 年）

要清楚地了解目前日本老年人的福利状况，还需追溯至 1945 年第二次世界大战（简称"二战"）后的那一段历史时期。"二战"结束后，日本在 GHQ（联合国盟军最高司令官总司令部）的主持下制定了日本国家宪法。这部法律的第 25 条明确表示，"社会保障"和"社会福利"的根本保障是"生存权保障"。法律明确规定了国家具有提供公共福利的责任，这也是重建日本社会福祉机制的出发点。

随着国家宪法的确立，社会福利制度也开始逐渐完善。1946 年的《生活保护法》与 1950年的新《生活保护法》、1947 年的《儿童福利法》、1949 年的《残疾人福利法》、1951 年的《社会福利事业法》、1960 年的《智力低下者福利法》（现称为《智力障碍者福利法》）、1963 年的《老年人福利法》以及 1964 年的《母子福利法》（现称为《母子父子寡妇福利法》）等法律制定后，形成了六项基本福利法律的体制格局。另一方面，就社会保障而言，以 1959 年的《国民养老金法》为起点开始实施老龄福利养老金制度，1961 年进一步开始实施国民健康保险制度，实现了全民保险、全民养老金制度。由此，作为一个福利国家的法制基础已经形成；之后，保障残疾人、老年人等社会弱势群体生活的法律逐一出台，福利国家的法制又进一步得到了扩充和完善。

1.2 经济高速发展期（1960 年至 20 世纪 70 年代中期）

20 世纪 60 年代，日本迎来了经济高速发展期。国民生活水平不断提高，百姓生活更加富裕，年轻劳动力向大城市迁移、聚集，由此产生的都市人口过度集中、地方人口过度稀疏以及核心家庭（指由父母和孩子两代人组成的家庭——编者注）突出化等现象也越发明显。此外，女性走向社会参与社会活动（女性员工受雇情况增加）成为一种社会普遍现象，加上传统大家庭结构的瓦解、个人主义思想的渗透等因素，使得国民传统的生活模式和意识形态都发生了改变。

另外，随着平均寿命的延长，到 1970 年日本的老龄化率超过 7%（65 岁及以上人口占全国总人口比例超过 7% 即视为进入老龄化社会——编者注）。卧病在床和患有认知症的老年人的护理问题日益凸显，由家庭护理支撑的个人赡养能力不足以作为护理过程中的中坚力量，也逐渐成为社会性问题显现出来。在这种社会状况下，制定以全体老龄人口为对象的《老年人福利法》也就势在必行了（1963 年日本政府颁布《老年人福利法》推行社会化养老——编者注）。

《老年人福利法》具有以下 4 个特征：

① 对老年人福利理念做出明确解读；

② 规定了国家、地方自治团体对提升老年人福利应具有的责任和义务；

③ 对老人之家（指养老机构——编者注）进行了分类；

④ 从法律层面上完善了居家养老的相关福利应对办法。

在 1963 年颁布的《老年人福利法》的支持下，特别养护老人之家、低收费老人之家及居家养老福利服务等的框架逐渐得以体系化。1973 年，为减轻老年人的医疗负担，又修正了这项法律，引入了老年人医疗费支付制度，将 70 岁以上老年人的医疗保险中由个人承担的部分改为公费缴付。

1.3 经济低迷期（20 世纪 70 年代中期至 1990 年前后）

自 20 世纪 70 年代中期开始，日本经济进入低迷期，老年人医疗、福利支出费用成为国家和自治团体的财政负担。在重申老年人医疗费支付制度，重新实施个人承担费用的同时，为构筑综合的老年人保健制度，又于 1983 年制定了《老年人保健法》。《老年人保健法》旨在强化健康诊断、身体机能训练和上门指导等保健事业的发展，实现从疾病预防到康复训练等一系列老年人保健医疗的健康管理综合化目标。为减轻社会医疗资源的压力、消除老年人长期住院、社会性住院等现象，1986 年又对《老年人保健法》进行了重新修订，创建了以康复训练为主体的介于医疗机构和居家之间的"老年人保健机构"。随着法律制度的发展，进入 20 世纪 80 年代，日本的老年人福利政策由传统的以养老机构为福利中心开始大幅度地向以地区、居家养老为福利中心转化。80 年代后期到 90 年代初期日本经历泡沫经济时期，短暂的辉煌带来此后的经济萧条阶段。

1.4 介护保险法的制定及实施（1990 年前后至 2000 年）

日本以世界上史无前例之势急速进入高龄化社会（65 岁及以上人口占全国总人口比例超过 14% 即视为进入高龄化社会——编者注），由核心家庭突出化问题导致的家庭内赡养体制逐渐弱化，严峻的护理问题也就成了全体国民亟须解决的社会问题。日本政府自 1989 年开始增收 3% 的消费税作为老年人福利资金的来源，与此同时又出台了"推进老年人保健福利发展十年战略"的黄金方案。该方案旨在找到解决 20 世纪老年人的福利、保健和医疗的持续、综合应对方案，同时完善居家养老和公共机构养老两方面服务的建设。

具体内容如下：

① 抓紧完善居家养老福利政策（上门援助服务、日托护理、短期服务等）；

② 开展"零卧病在床老人大作战"活动；

③ 设立长寿社会福利基金；

④　抓紧完善老年人福利设施建设（特殊护理老人之家、老年人保健机构等）；

⑤　促进老年人生活追求的创立（积极老龄化）；

⑥　推进长寿科学的十年研究事业；

⑦　完善老年人综合性福利机构。

上述内容开展以后，1994 年（方案出台第五年）又对上述方案进行了修订，出台了"新推进老年人保健福利发展十年战略"的新黄金方案。与上一版本相比，该方案强调了以下四个基本理念：

①　以服务对象为本，帮助其实现自主照料；

②　以全体老年人普遍享受为原则；

③　综合性服务；

④　以地域为单位。

为配合新方案的推进，1997 年制定了《介护保险法》，并从 2000 年正式开始实施，由此开启了由社会力量为主导的老年人介护保险制度新时代。1999 年，在新黄金方案即将结束、介护保险制度即将实施之际，出台了"今后五年老年人保健福利政策发展方向"的黄金 21 方案。其内容是在谋求完善居民生活区域内护理服务基础设施的同时，加强疾病预防、生活援助等服务，在维护老年人尊严的基础上开展自立援助，营造出一个老年人身体健康、富有生存意义并可参与其中的社会环境。（**图** 1-1）

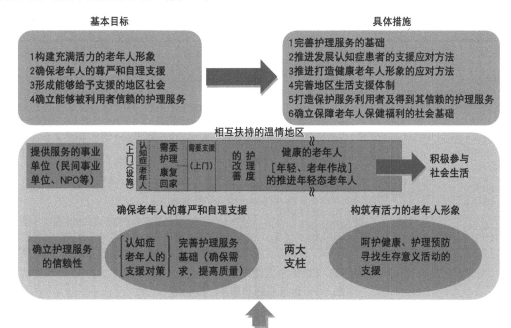

图 1-1　《黄金方案 21》实施概要图

［出处：厚生省白皮书（平成 12 年版）］

1.5 介护保险实施以后（2000 年至今）

　　介护保险制度自 2000 年开始实施，肩负着以五年为一个目标周期，根据实际情况调整相应措施的义务。根据 2005 年制定的《介护保险法等法律的部分修订》（2006 年起实施）以及 2011 年制定的《为加强护理服务基础，对介护保险法等法律进行部分修订》（2012 年起实施）对介护保险制度进行了重审和修订。日本的老龄化率于 2007 年超过了 21%，进入了超高龄社会。随着"战后"婴儿潮出生的一代人（团块的一代 注¹）在 2014 年年龄达到 65 岁，老龄化率将急剧升高，上述修订正是预测到老龄化率将不断升高而进行的调整，主要是为了实现"地区综合护理系统"的建设和完善。地区综合护理系统是指为实现包括需要护理的老年人可以在常住地区、日常生活圈范围内安度晚年这一目标而建立的能够无缝、有机、综合地提供住宅、医疗、护理、预防及生活援助等一系列服务的体制。（图 1-2）

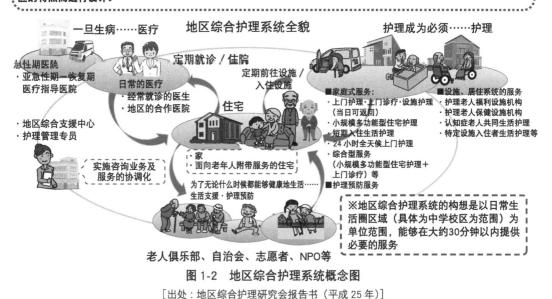

地区综合护理系统

到2025年婴儿潮出生的一代人年龄将达到75岁，为了在那时这一代人进入需要重度护理的状态时能够在常住地区如常安度晚年，**需要实现构筑提供居住、医疗、护理、预防和生活支援为一体的地区综合护理系统。**
可以预见今后的认知症患者数量将会持续增加，为了使认知症患者在常住地区依然能够有保障地生活，构筑地区综合护理系统是非常必要的。
在人口众多的大都市中，75岁以上的人口会急剧增加。与此同时，在人口减少地方的乡村，75岁以上人口的增加却很缓慢，**老龄化的进展将会产生极大的区域差别。**
地区综合护理系统必须以**生活在都市乡村或都道府县的保险者为服务中心，以地区的自主性和主体性为基础，依照地区的特点而进行设计。**

图 1-2　地区综合护理系统概念图

[出处：地区综合护理研究会报告书（平成 25 年）]

注 1　团块的一代：专指日本 1947—1949 年之间密集出生的一代人。目前此年代出生的人已经步入老年，对日本的老龄化社会产生着巨大的影响。

此外，还对《老年人居住法》中的"确保老年人稳定居住的相关法律"做了修订，并由国土交通省[注1]与厚生劳动省共同负责实现了"增设多项服务功能的老年人住宅"的制度化。该住宅采用无障碍设计建造，可为在此居住的老年人提供生活状况确认及生活咨询服务，并且能够享受该区域内的护理机构及医疗机构的服务，是一种专门面向老年人的居住设施。由此，实现了"原居安老""全民覆盖"的战略目标。

2 日本养老机构概要

目前日本存在许多按照《介护保险法》提供多种服务的养老设施。大致可分为机构型和地域·住宅型两大类。机构型养老设施有民间性质的"收费型老人之家""增设多项服务功能的老年人住宅"等以及公共性质的"低收费老人之家""护理型老年人福利机构（特别养护老人之家）""护理型老年人保健机构""护理疗养型医疗机构"等。地域·住宅型养老设施主要有民间性质的"小规模多功能型护理机构""认知症患者团体之家"等。下面针对几种主要的养老机构进行简要说明。

① 收费型老人之家

收费型老人之家有"护理收费型老人之家""住宅收费型老人之家""健康管理收费型老人之家"等几种类型。其中具有代表性的是"护理收费型老人之家"，这里的护理人员可提供餐食、清扫、身体护理、康复训练、小组活动及娱乐活动等广泛服务，入住费除 0～数千万日元不等的入住金以外，每月还需另外缴纳 10 万～30 万日元的使用费。

② 增设多项服务功能的老年人住宅

增设多项服务功能的老年人住宅是采用无障碍设计建造的租赁型住宅，接收可自理生活（认定无需护理）或需较低程度护理的老年人。直接提供的服务主要有"健康体检"和"生活咨询"，部分该类型住宅还可提供与收费型老人之家大致相同的服务。入住费除 0～数百万日元不等的入住金以外，每月还需另外缴纳 10 万～30 万日元的使用费。这里的入住金与收费型老人之家相比，优惠之处在于不是以使用权方式收取，而是以费用较低的租赁合同的形式进行缴付的。

③ 低收费老人之家

低收费老人之家是指依靠自治团体的补助可以花费较少费用而使用的福利机构，主要接收生活上感到不便的可自理的老年人或需要帮助的老年人。有提供照看和餐食服务的"A 型"和只提供照看服务不提供餐食服务的"B 型"以及称为"C 型"的关怀屋。"A 型"和"B 型"无需入住金，但需缴纳 0～30 万日元的初期费作为保证金，此外"A 型"每月需缴纳 6 万～17

注 1：本书中"省"（厚生劳动省），是日本的政府机关，相当于我国的"部委"；
　　都道府县市町村，则是日本的各级政府。相当于我国的省、直辖市、自治区、市、区、县、街道、村。

万日元的使用费，"B 型"每月仅需缴纳 3 万～ 4 万日元的使用费，价格比收费型老人之家节省很多，提供的服务以生活援助为主，如照看、外出时的帮助等。"C 型"的关怀屋分为"一般（自理）型"和"护理（特定机构）型"两种，"护理型"接收需高度护理的老年人，除洗浴、餐食的护理外，还提供身体机能训练、医疗护理等服务，但是，需缴纳数十万～数百万日元的入住费和每月 16 万～ 20 万日元的使用费。

④ 护理型老年人福利机构（特别养护老人之家）

特别养护老人之家是指需高度护理且需护理程度达到 3 级以上 [注1] 的老年人能够以较少的费用入住的介护保险机构，一般简称之为"特养"。可提供的服务包括：机构内护理人员及看护人员实施的协助洗浴、喂饭、排泄，以及护理人员进行的清扫、洗涤、购物及娱乐活动等服务，除此之外还提供由身体机能训练指导员（理疗师 [注2]、操作治疗师 [注3] 及语言听力师 [注4] 等）实施的康复训练及与医疗机构合作的医疗护理等多方面服务。入住费无需初期费，仅每月缴纳 5 万～ 13 万日元的使用费即可，价格设定比收费型老人之家便宜许多。为促进住在单间的老年人与其他入住者及机构工作人员的交流，以及更加个性化的服务，打造出了单元型共同生活空间（一个单元由十个左右的单间及共用空间组成），该类型的机构正在代替之前单纯的单人间或双人间，目前全国大约有半数以上的特别养护老人之家已经向单元型转换。

⑤ 护理型老年人保健机构

护理型老年人保健机构是指以较少的费用接受医疗管理下的看护、护理及康复训练的介护保险机构，一般简称为"老健"。该机构提供的服务以通过康复训练使接受护理的老年人达到日常生活可以自理后离院回家为目的，与特别养护老人之家不同的是"老健"并非终身制，每三个月要进行一次离院诊断。入住费无需缴纳初期费，但每月需要缴纳 8 万～ 13 万日元的使

注 1 日本把介护服务按照需要护理的程度分为 7 个等级，由低到高分为：要支援 1 ～ 2 和要介护 1 ～ 5。这里指要介护 3 级以上，即需要护理的程度高。

注 2 理疗师：理学疗法士（Physical Therapist）是指取得厚生劳动大臣认可资格，对那些身体有残疾、生活不能自理的特殊人群进行治疗体操及其他运动，并辅以电刺激、按摩、温热等物理疗法，指导患者进行康复训练、帮助患者促进基本的身体机能恢复，逐步达到日常生活可以自理的理疗专家。

注 3 操作治疗师：操作治疗师（Occupational Therapist）是指取得厚生劳动大臣认可资格，对由于身体、精神上有功能障碍，以致不同程度地丧失生活自理和劳动能力的患者，通过使其进行手工艺、操作及其他作业活动等操作疗法康复训练，从而达到恢复其基本动作功能或社会适应能力、通过洗澡、进食等日常生活活动，以及手工艺、园艺及文娱活动等操作活动进行康复训练，从而调节患者身心健康的操作疗法专家。

注 4 语言听力师：语言听力师（Speech-Language-Hearing Therapist）是指取得厚生劳动大臣的认可资格，对丧失了声音功能、语言功能或听觉有障碍的人士进行语言及其他功能训练，且给予必要的检查、建议、指导及其他援助，对由于脑卒中等原因所产生的语言障碍、听觉障碍、言词迟滞、发声障碍等，明确其病症表现机理，实施检查和评估，并进行必要的训练、指导及援助的语言听力治疗专家。

用费，价格设定比特别养护老人之家稍高。提供的服务包括：由护理人员实施的协助洗浴、喂饭、排泄等身体方面的护理，由医生及护士实施的医疗服务，以及由理疗师、操作治疗师及语言听力师等专业人员实施的恢复期康复训练等。

⑥ **护理疗养型医疗机构**

护理疗养型医疗机构是指为医学管理护理度达到 1 级以上的老年人而设置的提供医疗措施和康复训练的介护保险机构，因属于医疗机构，这一机构常与医院设置在一起。该机构提供的服务包括由医生实施的诊疗服务，由医生及护士实施的疗养性医疗护理和看护，由理疗师、操作治疗师及语言听力师实施的恢复期康复训练，由护理人员实施的护理等，主要是为了患病的老年人能够享受到从急性病发期到恢复期全程的医学管理护理。入住无需缴纳初期费，但每月需缴纳 9 万～ 17 万日元的使用费，价格设定比护理型老年人保健机构稍高。到 2012 年，护理疗养型医疗机构转变为老年人保健机构和特别养护老人之家等机构，考虑到它存在的期限，从 2012 年起不再增设护理疗养型医疗机构这一机构形式。

⑦ **小规模多功能型护理机构**

小规模多功能型护理机构是指地域分布比较紧密的介护保险机构，又称为小规模多功能之家。在 2006 年对《介护保险法》进行修订时将这一机构进行了制度化。为使那些需护理的老年人依然能够在熟悉的常住地区继续生活，同时考虑到每个老年人个体状况和需求，向老年人提供往返护理机构、短期住宿和上门服务等三种服务形式相结合的居家护理服务。使用费依据护理程度的不同而不同，个人每月支付费用的 1 成，大约是 1 万～ 1.5 万日元（另外 9 成费用由介护保险支付——编者注）。目前正在推行此类机构的发展，希望达到老年人的生活区域内必有一家此类机构，并且能够提供 365 天 24 小时不间断的护理服务（包括往返护理机构、短期住宿及上门服务）。期待这类机构能够发展成护理界的 24 小时便利店。

⑧ **认知症患者团体之家**

认知症患者团体之家是指将少数认知症患者集中在一起生活的同时，配备专业人员提供身体护理、身体机能训练及康复训练等服务，是一种地域分布上比较紧密的介护保险机构，一般称之为"团体之家"，是伴随着 2000 年的《介护保险法》的实施而制定的。入住的老年人以较少人数为单位（一般是 5 ～ 9 人——编者注），通过让他们与机构内护理人员共同生活，为他们提供家庭式护理服务以达到减缓认知症进一步恶化的目的。机构内配有具备认知症专业知识的护理人员，提供包含照看、吃饭、打扫、洗涤等生活援助、身体机能训练及紧急情况应对等服务。此类机构采取单元制，每单元最多入住 9 人，1 个单元空间最多由 9 个单间、餐厅以及起居室等共同生活空间组成，目前仅拥有 2 个以内单元的机构可获得认定。入住金为 0 ～数百万日元不等，每月还需缴纳 15 万～ 30 万日元的使用费。

以上简单论述了日本老龄人口和福利机制的发展进程、随之产生的养老机构的创建过程及目前主要的养老机构概要。详细情况在接下来的章节中逐一阐述。

✍ 主编点评

　　本章由主编之一的田中理先生主笔。田中先生是日本资深的康复护理养老专家，有40余年从业经验，且亲历日本高龄者福祉的发展进程。他在本章中简要、清晰地描画出日本"二战"后至今养老福利体系和机制的发展史，以及随着老龄化进程不断加深，日本政府做出的一系列应对措施。特别从立法着手，针对不同时期、不同年龄段、不同身体状况及需要护理程度、不同经济状况及居住状况的老年人，综合地提供居住、医疗、护理、预防及生活援助等一系列服务，以全体老年人普遍享受为原则，实现了"原居安老""全民覆盖"的战略目标。

　　中国与日本有很多相似之处，老龄化发展迅速、人口金字塔形状也近似（**图** 1-3）、孝

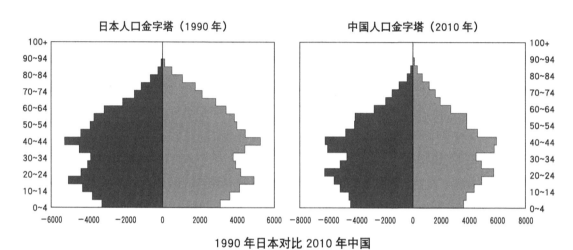

1990 年日本对比 2010 年中国

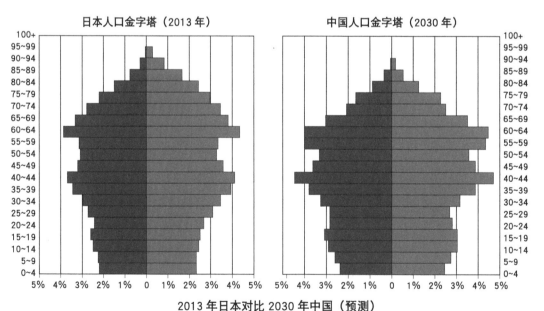

2013 年日本对比 2030 年中国（预测）

图 1-3　中国和日本人口金字塔比较

道文化及生活习惯一脉相承。幸运的是中国比日本晚 30 年进入老龄化社会，可以借鉴日本的经验教训，少走弯路。列表显示日本老年人福祉相关主要的法律法规（**图 1-4**）以及日本对应各阶段的不同类型养老住宅及机构（**图 1-5**）。

1959年	《国民年金法》	20岁以上60岁以下，国民皆年金，65岁领取
1963年	《老人福利法》	倡导保障老年人整体生活利益，推行社会化养老
1983年	《老人保健法》	使日本老人福祉政策的重心开始转移到居家养老
1986年	《高龄者雇用安定法》	旨在为老年人就业提供政策支持
1986年	《长寿社会对策大纲》	进入真正的长寿社会时能够继续发挥社会和国民的活力
1988年	《实现老龄福利社会措施的原则与目标》	又被称为"福利展望"老人福利政策的方向与施策目标
1989年	《促进老人健康与福利服务十年战略规划》	确立了国家对高龄者的"保健医疗福利"服务基本方针
1995年	《高龄社会对策基本法》《对策大纲》1996年	建立"每个国民都能终生享受幸福的老龄化社会"
2000年	《介护保险法》	1997年推出，2000年4月开始实施，2005年修订
2001年	《社会福祉法》	扩大社会福利事业的范围，加强了对各事业主体的管理
2001年	《高龄者居住法》	方便高龄老人的生活、居住和出入
2002年	《社会福祉士及介护福祉士法》	致力于培养社会福祉各种服务等级的护理人才
2003年	《健康增进法》	对老年人的健康保障做出了相应的法律规定
2006年	《无障碍法》	保障高龄者及残疾人无障碍移动的相关法律

图 1-4　日本老年人福祉相关主要的法律法规

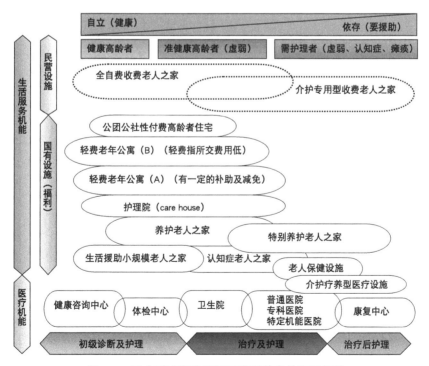

图 1-5　日本对应各阶段不同类型养老住宅及机构

[出处：《养老设施及老年居住建筑》赵晓征著中国建筑工业出版社]

可是，中国的人口是日本的 10 倍，老年人口的数量远远高于日本，目前仅失能长者就超过 4000 万人（而日本全国 65 岁以上人口总数为 3000 多万人），且呈快速上升之势。另外，中国的地域辽阔，因此地域差异也很大，所以中国的养老问题更加严峻，也更加复杂。

目前中国养老福利体系的历史遗留问题较多，体系的顶层设计不足，呈现出的很多相关问题如医疗、养老、护理、康复、医保等都有待解决，或者正在试图解决，中国急需建立行之有效的养老制度和政策，例如，打破双轨的保障体系，建立由国家运营的社会保障机制，解决养老体系费用来源问题，追求公平负担、合理适用原则解决养老问题。

在中国，养老问题与多部门关联，很多政策标准落实难度较大，不像日本仅由厚生劳动省统一解决医疗、护理、保健、福祉、养老相关的问题。类似日本的介护保险（中国目前简称为"长照险"）也在国内 15 个城市及区域做试点，但资金来源与合理分配能否妥善解决，是长期照护保险制度能否持续发展的关键。

第 2 章 介护保险制度和老年人护理

1 关于介护保险制度

1.1 建立介护保险制度的原因

在 20 世纪 60 年代，摆脱了第二次世界大战后的混乱期，社会趋于稳定，日本经济也迎来了飞跃性的快速增长。产业结构和人口结构的变化使人口向城市集中，家庭形态也由多代同居的大家庭形态向核心家庭形态转变。同时，随着医学、医疗技术的进步，营养状况的改善，以及环境卫生的发展，日本国民的平均寿命显著增长，从而促进了老龄化的发展，1970 年日本进入老龄化社会。

1963 年制定的《老年人福利法》，促使养老机构的设立及其使用制度由以往仅向生活贫困的老年人实施救济，转向以所有老年人为救济对象发展。日本的老龄化问题在 20 世纪 70 年代以后继续快速发展，伴随着老龄而产生的受伤、疗养等需要护理的老龄化问题成为较大的社会问题。20 世纪 90 年代经过多方深入研究，确定需要建立一套新的制度，即介护保险制度。具体理由如下：

（1）伴随着老龄化而产生的需要护理的老年人增多

伴随着老龄化（特别是高龄老人增加）而产生的病弱、需要护理等问题是任何人都无法避免的事实，低出生率和长寿化的发展使人口的老龄化率迅速升高，在这种情况下，需要护理的老年人也越来越多。在寿命八十余年的长寿社会，每个公民都有可能面临需要护理这一问题，因此人们对护理深感不安。为消除这种不安，让人们在面临需要护理这一问题时依然能够坦然地渡过老龄期，建立这样一套机制是大势所趋。

（2）家庭护理功能的弱化及护理负担增大

此前，日本年迈长辈的护理大多由家庭，尤其是女性（妻子、儿媳或未出嫁的女儿）承担。但是，由于家庭规模缩小、65 岁以上老人与子女同住的比率降低、空巢老人夫妇或老年人独居的家庭增多、女性就业率增高等原因，导致家庭很难承担对年迈长辈的护理。

另外，由于寿命的延长和医疗技术的提高等原因，护理也显现出周期的长期化以及程度深化的倾向。再者，还有不少老人护理老人的"老老护理"，以及从地方来到城市的子孙护理住在老家的年迈长辈的"远程护理"。

在这种情况下，护理负担和压力造成的精神、经济等影响很大，且容易导致家庭成员承受过重的身心双重负担，有时还会引发家庭护理人员虐待老年人的社会问题。因此有必要建立一套可减轻家庭护理负担的机制。

（3）原有老年人福利制度及老年人医疗制度的问题点

一直以来，作为针对老年人护理的官方制度，1963 年制定的《老年人福利法》发挥了核心作用。

在这一法律条例中，居家护理服务中的上门护理（Home Helper）、短期入住生活护理（Short Stay）、日托护理（Day Service）被称为"居家护理三支柱"，也是核心业务。另外，还有老年人日常生活用具提供和居家护理援助中心运营等业务。

养老服务机构包括特别养护老人之家、养护老人之家及低收费老人之家（包括 care house）等。

向服务对象提供服务的方法因各市町村决定服务的使用种类、提供机构等措施制度不同而异。措施制度的使用存在着诸如服务对象无法选择所需服务、需限制收入以致接受服务时有心理抵触感、根据本人与抚养义务者的收入情况有些服务对象需负担较高费用且中高收入层负担较重等诸多问题。

1973 年对《老年人福利法》做了部分修订，对老年人实施免费医疗。在过度诊疗和大剂量药物医疗、老年人福利设施未完善的情况下，引发出大多数老年患者无需医疗但也长期住院，出现了被称为"老年人医院"的医疗机构，从而导致整个老年人医疗膨胀的"社会性住院"等现象，造成医疗支出大幅度增加，社会医疗资源被大量挤占。

鉴于此，1983 年废除了该制度，并制定了新的《老年人保健法》。

但是如此一来，无论是老年人福利制度还是老年人医疗制度，均存在问题。两种制度之间缺乏协调性，存在着服务接受负担及手续不同等不平衡现象。为解决诸如此类的福利与医疗两个领域的问题，需立足于综合提供护理服务的角度，对这两种制度进行重新制定。

（4）应对护理费用增加引进资金来源的必要性

大约从 20 世纪 80 年代起，就开始了老年人护理服务的基础准备工作。1990 年，由于《老年人福利法》《老年人保健法》等的修订，对居家护理和服务机构赋予相关权限的市町村一元化以及在所有都道府县及市町村对老年人保健福利服务基础准备有计划的推进，使得制定一套老年人保健福利计划势在必行。在国家层面也已经制定了显示有关老年人保健福利的具体目标值的新措施。

然而，以前这些基础准备所需的资金来源于税收等公费资源，但受 20 世纪 90 年代持续经济不振的影响，在税收减少、国债依赖度提高等严峻的日本财政状况下，已不能过度依赖公费资源了。

于是，考虑引进新的保险费资源，并将此作为全面高龄化社会下持续增长的护理费用的资金来源。

以上四点就是日本建立介护保险制度的主要原因。关于日本介护保险建立的过程，参见**图** 2-1 所示。

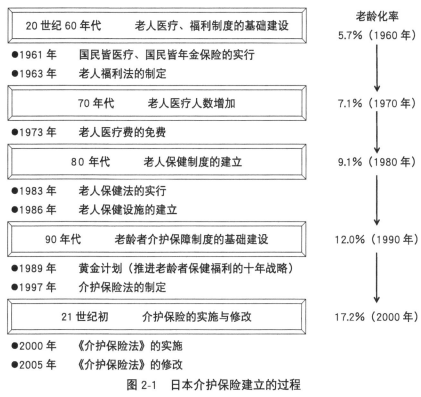

图 2-1　日本介护保险建立的过程

［出处：《日本介护保险》中国劳动社会保障出版社］

1.2　建立介护保险制度的目的

这一节重点了解日本老年人护理理念及其在介护保险制度上的体现。

介护保险制度中的介护保险法第 1 条对目的做了规定，主要细分为以下四点：

（1）有关护理的社会性援助（护理的社会化）

随着老龄化的发展，对于广大公民最为顾虑的老龄期的"护理问题"，考虑创建一套全社会共同支持的机制，以消除护理顾虑，构建一个可放心生活的社会，同时减轻家庭等的护理负担。

（2）护理需求者的自立援助

向老年人提供援助，使其即使面临需要护理的状态仍可依靠自身能力，过上满足自己意愿的自立的高质量的日常生活。

必须给予妥善照料，使老年人可根据自身能力过上自立的日常生活——见《介护保险法》第 2 条第 4 款。

（3）以人为本，服务一体化

对以往纵向划分为老年人福利制度和老年人保健制度的体制进行重新制定，建立一个以人为本的制度，使老年人即使面临需要护理这一问题，也可根据自己的选择，尊重服务对象的愿望，使得由各种养老服务业态主体提供面向老年人的必要服务综合化、一体化。再者，为了确保护理需求者接受恰当的护理服务，还将采取护理援助服务（护理管理）等方法。

另外，接受护理服务的手续也将变更为作为被保险人的护理需求者与服务单位之间的服务使用合同。在介护保险中，服务对象可自主选择服务内容和提供的机构，与单位签订合同后接受服务，也可认为是将服务接受手续变更为以服务对象为主体的服务，实现并强化了以人为本，服务一体化。

（4）社会保险式长期护理保障体系的构建

为确保未来的稳定，对护理费用的资金来源采取基于社会共同负责观点下的社会保险式护理保障体系。老年人自身作为被保险人承担保险费，与在职后辈共同成为支撑制度运行的中坚力量。在研究制度建立初期，采用将保险费作为资金来源的社会保险方式的原因如下：

① 护理服务更易融入社会保险机制；
② 服务选择的保障和服务领受的权利性高；
③ 通过各种养老服务业态主体的加入，可扩大服务范围，提高服务质量；
④ 可明确供给和负担的对应关系。

1.3 介护保险制度概要

介护保险是指持续缴纳保险费，被保险者在需要护理时可以低额的费用接受服务的社会保险，此制度于 2000 年 4 月开始实施。日本的《介护保险法》是以全国市町村作为保险者进行运营的，40 岁以上者皆为被保险者。第 1 号被保险者（65 岁以上）以及第 2 号被保险者（40~64 岁）要负担保险费用。根据需要介护认定的标准，在决定实施介护或者实行介护援助时，个人需要缴纳一部分费用（原则上占所需费用的 10%），得到相应的介护服务。

关于日本的介护保险制度，用图 2-2 简单示意。

介护保险制度给日本社会保障领域带来了巨大变革，实现了从措施制度到合同制度的变更、护理管理机制的引进以及民间机构提供服务等。

如今，介护保险已经成为老年人生活中不可或缺的保障制度，护理服务的接受人在逐年增加，护理机构的从业人员也在不断增长。但是，实施介护保险制度后，诸如护理费用的增加带来的资金来源问题及护理从业人员的待遇问题等需要研究的诸多课题仍然堆积如山。

2 机构护理现状与今后的发展方向

2.1 养老机构的演变（从收容机构到居住机构）

半个世纪前，日本的养老机构是指对无依无靠的贫困老年人进行保护与收容，并为其提供饮食及日常生活照料等的"养护老人之家"。此场所以独居生活且低收入、患有因高龄而产生

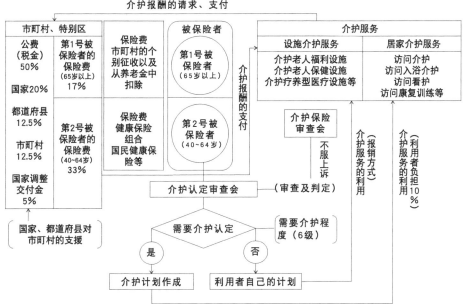

注释：①介护服务，对于需要中等支援的居家介护，需要中等介护的设施及居家介护来说，可以得到的服务。

②在 2000 年即初步实施的前半年里，与保险费有关的资金来源全部由国家负担。

③对于重度介护即需要介护 4、5 级的老龄者家庭来说，可以发给介护支援慰劳费。

图 2-2　日本介护保险制度与需要介护认定

［出处：《日本介护保险》中国劳动社会保障出版社］

的身心功能下降及各种疾病、无法在居住区内正常生活的老年人为对象，在集体统一的生活方式（定时起床、睡觉、吃饭、洗澡，有时甚至规定排便时间）下实施管理性援助（照料）。

经过战后的经济快速增长期，社会及国民生活富裕起来，并逐渐转变为核心家庭形态。伴随着长寿化而产生的老龄化社会的出现和需要护理的老年人的增加，难以"由家人进行家庭护理"的老年人越来越多，因而产生了"特别养护老人之家"。这种新式老人之家有别于旧式"养护老人之家"，经济条件并非入住的必要条件，而是以"身心障碍"达到一定的程度作为必要条件的护理机构。

然而，这种特别养护老人之家的真实情况是规模普遍较大，入住者超过 100 名而且每天过着集体式生活，统一管理在"高效率"的名义下，实际上与以前的做法并无二致。一个房间内至少容纳四名老人，除吃饭和洗澡外，基本不让老人下床，一些连排便都需要护理的护理需求者甚至被使用尿布应付，终日在床上度过，这也是无可奈何的事。他们的世界被限制在了仅由帘子划分的床铺周围。这种环境与在医院长期住院治疗生活差不多，远谈不上"生活和居住"。而且，很多难以依靠特别养护老人之家的需要护理的老年人，选择在专门面向疗养老年人的"老年人医院"长期住院的生活方式，这也成为医疗制度方面的社会性课题。

20 世纪 80 年代以后，老龄化迅速发展，安置不断增长的需要护理的老年人成为社会性课题，于是日本举国讨论了老年人保健福利服务的基础机构建设、老年人保健福利计划等的制定，以及为居家护理提供支持的护理基础机构的建设。

1989 年制定了《老年人保健福利推进十年战略（黄金计划）》，1994 年制定了《老年人保健福利推进十年战略的修订（新黄金计划）》等制度，护理服务的数量扩充作为国家政策得到落实。同时，为了应对今后的高龄社会，还针对"新老年人护理系统"展开研究，1996 年 11 月以"老年人的自立援助"为基本理念，对以前的制度进行重新制定，以社会保险方式为基础的新护理系统的构思浮出水面，由此开始了"介护保险制度"的创建。

介护保险是一种基本上以确保能继续在自己家中由家人进行护理为目的、提供人员、场所、物品等各方面援助的"保险服务"。但是，对于需要重度护理的老年人，在家护理达到极限或难以进行时，可接受三种机构的服务，分别是"护理型老年人福利机构""护理型老年人保健机构"及"护理疗养型医疗机构"。另外，在这些介护保险机构（护理型老年人福利机构、护理型老年人保健机构）中还导入了平时在家生活仅在必要时入住的"short stay（短期入住）"功能，为老年人持续在家生活提供了支持。

由此可以看到，日本的"介护保险体系"不仅仅是保险制度的建立，实际上是一个包含养老制度、养老设施分类、介护服务分层级、养老护理功能划分的"社会保障综合化体系"——编者注。

2.2 从集体护理向个性化护理发展

被定位为护理型老年人福利机构的"特别养护老人之家"，在数量上有所扩大，且介护保险制度仍旧与实施"集体护理"的管理中心机构保持一致，即对众多需要护理的老年人依然 365 天 24 小时实施统一有效的护理。

但是，日本对在 2003 年以后开办的"特别养护老人之家"采用了引入新式护理方式的新型特别养护（单元型特别养护）方式，且建设之初的设置标准为单人间。

"单元"是指将 10 人左右的少人数组划分为一个单位，所有人均使用单人间，饮食和洗澡等的照料也按此单位提供，其显著特征是可应对入住者的个人需求。

在福利发达的国家瑞典，20 世纪 70 年代便出现了从"正常化（normalization）"的想法中诞生的护理方式，被称为"单元护理"。这种新的护理方式具有许多优点，例如即使是入住规定人数较多的大规模机构，通过采用"单元"形式，也可享受犹如家庭环境下的生活；所有人均使用单人间，可确保个人隐私，还可减轻传染病等在机构内传播的风险；最可推崇的是与传统型护理方式相比，可实现针对每个人的不同情况实施个性化护理。

这就促使日本养老机构护理的状态由"集体护理"向"个性化护理"转变，这是护理方式的革命性转变。

2.3 为提高满意度所做的努力

介护保险护理型老年人福利机构"特别养护老人之家"致力于提高护理服务的满意度，他们向服务对象及其家人就所提供的服务进行问卷调查，站在既非机构相关人员亦非保险人（行政）的第三者的立场，由"护理咨询员"志愿者向服务对象及其家人了解他们对护理服务有无不安、不满之处等。但是，问卷调查及由第三方掌握情况并非出于法律上的义务，说到底是一种随意的行为，实际上真正实施的机构很少。

因此，现在还建立了一套接受服务对象家人的要求与希望的机制，由非直接护理提供者担任的"服务问题咨询员"负责倾听大家的意见，并准备了受理不满等的书面意见的投函箱或意见箱。

不少机构通过采取这些方式，对收集到的不满与要求进行整理和分析，对努力提高服务对象的满意度多少起到了改善作用。

2.4 机构护理的现状与课题

对单元型机构采取制度化管理，至今已实施了将近 20 年。截至 2013 年，根据厚生劳动省的《护理服务机构、事务所调查》显示，在拥有 6754 家机构的护理老年人福利机构中，实施单元护理的机构占 37.8%，尚不足四成。

另一个使"单元护理"无法在介护保险制度下推进的主要原因是，这种单元型特别养护与传统的特别养护相比，建筑成本更高，所需的居住费与煤电费等费用也很高，导致需对入住者增加收取这部分费用。

特别是在以养老金为主要收入来源的高龄老人家庭，从经济方面考虑，会选择更便宜的多床房间的特别养护老人之家，这也成为大都市圈希望入住特别养护老人之家的护理需求者出现排队问题的一个原因。

单元护理机构需要研究的课题并非居住空间或移动、换住时的障碍等硬件方面的问题，给每个入住者分别提供合适的"个性化护理"的有关软件（服务）方面的课题更为重大。如何在尊重个体的基础上将护理提供给每个人，使每个人按自己的生活方式生活？作为老年人护理的专业人员应具备怎样的技能和知识？这些问题都需要面对。

有必要在培养护理人才的教育课程中实施实践教育，结合关于"单元护理"的基本理念和想法，对老年人的生活和生活场所形成认识，并且了解度过余生的最终栖息之所对于老年人的重要性，在充分领会这些问题的基础上提供相应护理服务（**无论如何，"单元型特别养护方式"的个性化护理优势是非常突出的，这将是未来机构护理服务及空间设置的主要趋势——编者注**）。

❸ 地域护理现状与今后的发展方向

3.1 《介护保险法》的修订

介护保险制度作为一项制度设计，计划每五年对制度进行一次修订。在制定介护保险制度后的第五年，即 2005 年《介护保险法》修订时，指出应以构建明朗有活力的超高龄社会、制度的可持续性以及社会保障的综合化为基本观点进行修订，具体如下：

① 向重视预防型系统转变；

② 机构供给的重审；

③ 新服务体系的确立；

④ 服务质量的确保和提高；

⑤ 负担的应有状态、制度运营的重审。

建议充实该"新服务体系的确立"中的居住体系服务，同时建立地域综合援助中心及地域紧密型服务。

在此背景下，社会环境发生了变化，因一人独居或认知症老年人的增加等因素，使得强化居家护理援助、加强医疗与护理的结合（中国称为"医养结合"——编者注）成为必然。

3.2 地域综合援助中心

为使老年人在其习惯居住地区安心度过自己的余生，迫切需要根据老年人的需求和状态的变化，向他们提供与居家护理相关的各种服务。

作为有助于支撑这种老年人生活的综合机构，在上述 2005 年的介护保险法修订过程中，设立了"地域综合援助中心"（以下简称为"地域中心"——编者注）。该中心旨在通过为维护地域居民的身心健康和稳定生活提供必要的援助，从而整体促进该地域居民的医疗保健的发展，提高福利待遇。作为负责该地域整体化实施的核心机构，在地域内开展综合性援助等业务，并采取市町村直营和民间委托运营两种方式。

地域中心包含三项业务，即：综合援助业务、多部门合作下的地域综合网络的构建、指定护理预防援助业务。特别是在综合援助业务中引进了"综合咨询援助业务、护理预防管理业务、综合持续管理援助业务"。为恰当地执行这些业务，配置①保健师、②社会福利师、③主任护理援助专员，势在必行。

关于地域中心的运营，市町村作为地域所有相关机构和人员协商、评估的管理方，需要设置"地域中心"运营委员会，通过对地域综合业务进行评估，使地域中心运营能够做到适当、公正、中立。

从 2012 年开始，地域中心又设立了新的业务，增加了"护理预防、日常生活援助综合业务"。

综合业务以市町村为业务主体，实施该业务时一面力求应用各种人力资源和社会资源，一面按照市町村的判断，为援助需求者和二次预防对象提供护理预防和监护等生活援助服务。该业务可站在服务对象的立场灵活选择，且可提供未纳入现有框架的服务，由此，可为提前预防进入需护理状态、减轻需援助状态程度或防止恶化以及地域内自立的日常生活提供援助。

地域中心可最大限度地尊重地域内居住的老年人本人的意愿，并基于适当的护理管理、根据服务对象的状态作出判断，按此判断结果提供必要的援助，从而起到护理预防和生活援助的作用。

3.3 地域综合护理及地域综合护理系统

2011 年在对《介护保险法》进行修订时提出了"地域综合护理"的观点。

地域综合护理是指，以提供满足需求的住宅为基础，为确保区域内居民安全、安心、健康的生活，在日常生活场所范围内除提供医疗和护理外，还可适当提供包含福利服务在内的各种生活援助服务的一种地域体制。要想推进此"地域综合护理"业务，除单纯建立新的服务外，还需建立可在必要时向服务对象提供护理、医疗、住宅、护理预防、生活援助等服务的机制，以及在生活范围内，创建一个更易于向服务对象提供服务的环境，即确立"地域性社会基础"。

进而，在 2014 年修订《介护保险法》时，进一步指出将"构建地域综合护理系统"作为重点措施实施。

地域综合护理系统是指以处于生育高峰期的一代（日本出生人口大幅增加的 1947～1949 年出生的人口）到 75 岁以上时的 2025 年为目标建立的一个"即使老年人进入重度需护理状态，为使其在习惯居住区以自己的方式度过人生的最后阶段，全面确保医疗、护理、预防、居住、生活援助的体制"的机制；为此，原居安老为出发点，除了提供介护保险服务外，还应通过其他正式或非正式服务等各种社会资源的应用，通过自助、互助、共助、公助的适当协调化以及资源和服务等的开发，与"地域综合援助中心"协作推进综合性的、持续性的援助。

地域综合援助系统是由作为承保人的市町村或都道府县基于地域的自主性或主体性，根据地域特性建立的，为使该系统发挥其有效作用，同时管理业务得以综合、持续地有效实施，在地域综合援助中心设立"地域护理会议"已经是势在必行了（地域综合援助系统也是面向辖区的"养老护理机构"提供支持、援助、资源协调的功能性系统——编者注）。

3.4 地域护理会议

地域护理会议在加强对老年人个人援助的同时，还积极推进支持该会议的社会基础建设，是实现地域综合护理系统的一种方式。会议由市町村或地域综合援助中心主持，出席者以行政职员为主，并根据会议目的和需要再从专职人员及地域相关人员中选择。在地域范围内，使多部门联手合作，发挥符合地域特性的功能是非常重要的。

地域护理会议的目的是通过探讨个别案例的援助内容，实现：

① 地域护理援助专员为老年人自立援助提供帮助的护理管理援助；

② 用于老年人实际状态的掌握和课题解决的地域综合网络的构建；

③ 通过个别案例的课题分析掌握地域课题。

另外，通过召开会议，可实现医疗、护理等多部门的联手合作，通过探讨个别案例及地域课题，有助于个别课题的解决、网络构建、地域课题发现、地域建设及资源开发、政策形成等各功能的展开。这些功能相互关联，并结合市町村的实际情况进行展开（地域护理会议是地域综合援助系统有效落实的必要的组织形式保障——编者注）。

3.5 地域紧密型服务与小规模多功能机构

地域紧密型服务是指为支持护理需求者在其习惯居住地域生活，最好在其附近的市町村提供护理服务的服务类型，仅规定区域内的居民可享受的服务。其特征是以地域为单位建设适当的服务基础，结合地域实际情况设定规定标准和护理报酬，是一套公平、公正、透明的机制。服务包括机构［地域紧密型护理老年人福利机构入住者生活护理（限员29人的特别养护老人之家）、针对认知症的共同生活护理（团体之家）、地域紧密型特定机构入住者生活护理（收费老人之家、养护老人之家、低收费老人之家的入住者限定护理需求者及其配偶的护理专门指定机构中限员29人以下的）］、上门（夜间对应型上门护理、定期回访/随时对应型上门护理看护）、机构日托（认知症对应型日托护理）以及住宿、日托、上门组合型［小规模多功能型居家护理、复合型服务（看护小规模多功能型居家护理）］等。

小规模多功能型居家护理是指对于居家护理需求者等老年人，根据其身心情况、所处环境等，按照其选择提供服务，使其可往来于家庭与能够为其提供适当功能训练及日常生活照料的服务站点之间，或让其短期住宿。在该服务站点，为居家护理需求者提供洗浴、排便、饮食等护理，完成调理、洗涤、清扫等家务，提供生活方面的咨询与建议，确认其健康状态（健康检查）以及给予其他必要的日常生活上的照料和功能训练。

为使服务对象能够继续在习惯居住地域生活，必须考虑加强其与当地居民的交流，积极参加地域内社会活动，并根据服务对象的身心状况、要求及其所处环境，灵活搭配日托服务、上门服务或住宿服务。

此外，还有具有上门看护与小规模多功能型居家护理组合功能，将看护与护理紧密结合，组合提供日托、上门、住宿服务的"复合型服务（看护小规模多功能型居家护理）"。其目的除了小规模多功能型居家护理功能外，还支持疗养生活、身心功能的维持恢复及生活功能的维持或提高。为减轻服务对象的护理需求状态或防止其恶化，需要设定目标，并有计划地实施。

3.6 课题与今后的发展方向

对于今后不断增多的需要护理的老年人问题，为了保证使护理实现社会化的"介护保险制度"的有效运用，并实现制度本身的持续性，日本政府提出了构建包括老年人生活基础"地域社会应有状态"的"地域综合护理系统"。

从对每位老年人的援助对应水平，到家庭及社会生活的援助活动水平，再到支持生活圈范围的市町村等地域构建水平，目前，在老年人生活圈范围内已开始致力于综合性援助机制的形成，以构建一个有利于人类生活的环境。

援助对象不仅限于需援助或需护理的老年人，还应将视野扩大到健康老年人，作为一个全国性课题进行研究。在日本，类似于每个公民都应考虑自己的老龄期该如何度过等的就健康管理和老后生活设计的启发，以及相关的各种信息等，每天都会收集到各种提议。

但是，仅靠个人或家庭的自助努力，在预想的社会生活状况下很难实现安度晚年的愿望，要想保证丰富的生活状态和生活方式，必须进一步制定并推进社会性共助、公助等制度和措施。对于将来建立一个什么样的社会的问题，除社会、经济外，还需考虑政治的应有状态。

如今，人类的生活有不断向"个体化"发展的倾向，且因收入差别引起的贫困，以及很少有人愿意与人及社会建立一种淡薄的关系，作为人类应如何建立一种互帮互助的"互助"意识和环境基础，已成为一个必须探讨的重要课题。

４ 居家护理的现状与今后的发展方向

4.1 居家护理（上门服务、日托服务）的课题与现状

日本在老龄化成为社会性问题的 20 世纪 80 年代后半期，致力于《老年人保健福利十年战略（黄金计划）》的贯彻落实，积极推进老年人保健福利服务的基础机构建设，并将"上门护理"和"日托护理"这两项业务予以强化，为需要护理的老年人提供在家生活的支持。但是，面对日益增长的老年人的护理需求量，这些居家护理服务的应对能力是有限的，因此，在后来的探讨新护理系统的构思时，提出了创建"介护保险制度"这一理念。

介护保险制度从实施至今已经 20 年，现就肩负这些在家护理重任的上门服务和日托服务的现状和面临的问题做一说明。

4.2 上门服务的特征

目前，按照介护保险制度下的上门形式可将针对需要护理的老年人的援助服务划分为上门护理、上门洗浴、上门看护、上门指导康复训练、居家疗养管理指导等几种。

这些业务的共同点是需要护理的老年人均能在自己生活的场所接受服务，而且服务是以尊重服务对象的个体需求，在与医疗、护理、福利等各类专业人员的密切合作下完成的。

但是，一方面由于在服务对象自己家的环境下提供护理服务，其环境是密闭空间，有利于保证个人私密性，可使关系更融洽，服务对象能够安心接受服务。而另一方面，还存在所提供的服务外人无法看到，且服务对象容易提出一些特别要求（合同外的服务等）等问题，这也是显而易见的。

以上门形式提供的服务，有许多相同服务也可通过日托服务提供，在讨论结合每个人的具体情况提供服务援助时，原则上基本应由参与援助的专业人员、经营者及团队针对援助对象多方评估结果研讨援助计划。不仅要分析现状，还需立足于被护理对象的病症及生活，对今后进行预测，然后选择服务。因此，即使是使用上门服务，如果本人的身心机能及环境等各类状况发生了变化，必要时应采取诸如更换为日托服务等措施，实施适当的护理管理，这是至关重要的。

4.3 上门护理服务

"上门护理"是选择频率最高的一种形式。为使老年人即使是在需要护理的状态下也尽可能在其家里以自己的能力度过独立的日常生活，上门护理提供囊括了饭食、排泄、洗浴（擦拭）、身体换位及移动等关于生活动作的帮助（身体护理）以及烹饪、打扫、洗涤、购物等全部家政服务的援助（生活援助），是一项为服务对象确立一定的生活基础以支持其在家生活的业务。该业务的服务对象的覆盖范围很广，包括从需要1级护理到5级护理的护理需求者和援助需求者（身体虚弱等轻度护理需求者），因此服务对象的特性并无限定。援助与护理的主要原因有遭受疾病或受伤以及患有伴随高龄而产生的身心机能下降等各种疾病。

上门护理服务按服务类型可分为身体护理和生活援助（家政服务）两类，两种服务类型的服务对象的特性各异，需要护理程度越轻需求生活援助的比重越高，而程度越重则身体护理的需求比重越高。但由于与家人同住时原则上不能享受生活援助，因此相比需要护理的程度，以独居或高龄老人家庭为护理需求原因的服务对象更为多见。

虽然法律对身体护理与生活援助的服务内容做了规定，但实际上由于老年人个体的身心机能及环境状况不同，身体护理呈现出不仅仅是传统的帮助概念的特征。

就护理内容而言，除了对日常生活动作等自我照顾（self-care）给予帮助以外，还包括为吞咽困难人员（有进食障碍者）提供具备烹饪流食或糖尿病人食物等以专业知识与技能提供的生活援助服务。

另外，在提供日常生活动作等方面的护理时，为提高服务对象的能力及积极性，可在服务对象进行某个动作时与其共同完成，给予协助。在服务对象需要某项护理或行为援助时，并非为其提供全方位的帮助或一些不必要的援助，而是在考虑激发并强化服务对象自身所具有的能力的同时，建立一个类似"照料及提醒"等的护理形式，以提高服务对象的"自我应对能力"为首要考虑。

此外，一直以来都属于医疗行为的体温及血压测量、轻微割伤等的处理、毛巾湿敷、单纯服用内服药等照料，现已从医疗行为转化为身体护理的范畴。同样，由接受过一定培训的专业护理人员对疑难杂症患者进行的导管喂食和吸痰等医疗行为也可在医生的指导及护士的协助下完成了。

关于生活援助护理，如上所述，明确设定了使用条件，即：要求是独居，或即使是与家人同住，但其家人处于身有障碍或患有疾病等情况，或因不得已的原因难以完成时，方可获得生活援助。

这种生活援助由于自身及家人对服务内容的理解不足，很多时候会导致援助者被要求执行与护理服务不符的非直接针对援助对象进行的行为，比如帮助其家人进行烹饪、购物，甚至是连日常生活的援助都谈不上的对宠物的照料、庭院除草及超出日常家政范围的家具搬动、室内外房屋修葺等，作为承保人的行政机构（市町村）就这些不恰当事实进行了指导，建议对服务对象所希望执行的内容提供介护保险制度外的"有偿服务"，并向其他服务对象提供相应信息建议。

4.4 日托服务的特征

该项服务的特征是针对居家护理需求者，通过日托形式提供服务，旨在为老年人拥有健全而稳定的在家生活提供帮助、消除其社会孤立感、维持与提高其身心机能，同时，也力求减轻其家人身体上及精神上的负担，提高老年人的生活质量。

仅依靠上门服务体系，并不能保障高质量的居家生活，还需对上门护理、上门看护、短期入住生活护理等的居家服务，以及与包括提供福利用具、住宅改造等环境改善在内的综合性援助相结合的措施进行研究，这是不可或缺的。日托服务体系是支撑老年人及其家人的重要服务之一，也是保证需要护理的老年人接受在家护理的方式。

从服务对象的特性来看，无论是虚弱的老年人还是卧床不起以及认知症老年人，虽然他们需要护理的情况很广，但无论哪种老年人均需要在身体、心理或社会上得到某些专业的援助。一般情况下，要么是在维持正常生活时并无多少困难（生活障碍），要么是虽有严重的生活障碍，但大多是处于比较完善的护理体制的环境下。

由于该项服务并非如入住型服务那样可提供综合、完善的服务，因此对于有严重生活障碍的老年人来说，如果要实现居家护理仅依靠日托服务也是不够的。

4.5 日托护理服务

日托护理是指，使护理需求者往来于法律规定的护理机构等地，在该机构中接受洗浴、排泄、餐饮等护理及其他日常生活上的照料，并进行厚生省令所规定的体能运动及机能训练。

具体来说，就是都道府县知事指定的老年人日间照料中心、特别养护老人之家等"指定日托护理事务所"的机构，为前来的居家护理需求者提供以下服务，包括：①提供洗浴及餐饮服务（包含完成洗浴及进食的护理）；②给予生活等方面的咨询及建议；③确认健康状态及其他必要的日常生活上的照料；④进行身体机能训练。

基本上服务对象只在白天前来指定的日托护理机构，作为较小的服务受众群体接受提供的服务。使用该项服务，除日常生活援助之外，还可为服务对象提供以下三方面的帮助：①走出家门进行社会性交流；②减轻家庭护理的负担；③进行身体机能训练、日常生活训练。

日托护理服务的对象为各种需要护理的老年人，因此除了以往的"认知症对应型日托护理"外，社会上还需要针对患有疑难杂症或癌症末期护理需求者等兼具医疗与护理需求的中重度居家护理需求者的护理体制，为了继续维持他们的居家生活而采取的援助强化措施，2006年在对《介护保险法》进行修订时，创建了与医疗机构及上门看护服务等合作提供的日托服务——"疗养日托护理"体制。

另外，随着介护保险制度在全社会的推进，近来日托护理服务机构的总体数量也在增加，不仅取代了家庭护理并减轻了家庭护理的负担，还通过社会性交流、身体机能训练及日常生活训练提高了自立性，更结合需要护理的状况开创了各种护理项目。

特别是在需要护理老年人众多的城市，通过利用运动设备维持身体机能等的各种机能训练，并安排以脑活化游戏等精神活动为目的的节目，使无需提供餐饮和洗浴服务的半日托需求也越来越多。

日托护理业务在2014年介护保险法的修订中做了很大改动，护理对象从援助与护理需求者改为援助需求者和一部分虚弱老年人，脱离介护保险制度，改为以承保人市町村为主体开展的"护理预防、日常生活援助综合业务"。向援助需求者提供身体机能训练及聚会场所等日常生活援助，作为实施机构的市町村组织轻体操和合唱集会等活动，开展护理预防、生活援助服务业务。

现状虽然对中重度护理需求者来讲没有变化，但估计需要援助等护理需求者特别是日托护理及上门护理服务的对象在继续享受服务时，会受到可选内容发生变化带来的影响，不仅机构运营方和援助者，就连服务对象也对情况的变化感到不知所措。这些都是今后需要逐步解决的课题。

📝 主编点评

本章的主笔者是"社会福祉法人 IKIIKI 福祉会"的成田堇老师，重点介绍了日本建立介护保险制度的原因、目的，以及在此制度下机构、社区、居家的护理现状和今后的发展方向。

主编再从全球角度做些补充。最初的介护保险是 1968 年在荷兰建立的，1994 年作为第五种社会保险被引入德国。日本在学习参照德国的基础上，根据自身的条件进行补充和完善，形成了更为完整的符合日本国情的介护保险体系。不同的是，德国的介护费用全部来自保险费，而日本则来自保险费和税金两个方面。

作为介护保险实施的先驱者，荷兰与德国基本上都是对医疗保险进行补充。而美国连全民医疗保险都没有，北欧则是社会福利的一部分。因此，到目前为止，只有日本才算真正地建立了一个独立的介护体系。日本的介护保险制度创造了保健、医疗、福利方面的新概念和新文化，同时也符合东方文化习惯。所以主编认为，日本的经验是最适合中国借鉴并逐步形成符合中国的医疗介护体系。日本在制定介护保险制度的过程中，深入研究了欧美各国的经验和做法，再结合自身的特点推出《介护保险法》，并规定实施后每五年进行修订，这种钻研、务实、求全、不断改善的做法也非常值得我们学习借鉴。

预计 2040 年日本的老龄人口将迎来最高峰，有较高护理需求的 85 岁以上的高龄人口将快速增加。另外，预计单身老年人的家庭或仅老年夫妻两人的家庭增多，患有认知症的老年人数也将增加，因此护理服务需求会进一步增加并更加多样化。在此情况下，为了重新评估下一个年度的介护保险制度，现在正从多方推进预防介护与养生（延长健康寿命期）、强化保险功能（强化跨地区功能和可管理性）、推进地区综合介护系统（提供并完善适应多样化需求的介护）、推进认知症应对措施并构建可持续制度以及从开展介护一线现场革新的观点出发，着手研究并修订。

结合日本经验及中国国情，预测中国未来的医疗护理体系应该是，形成由国家扶助、社会地区互助、企业与个人共同合理承担的医疗与护理互相协调发展的综合保障体系。资金来源应是多方面的，制度上是多元的，体系上是开放的，以医疗带动护理，以护理促进医疗，这正是中国的医疗与护理的努力方向。中国的介护保险亦即长期照护保险正式实施之日，养老行业真正的春天就到来了。

第 3 章　日本养老机构及护理服务的种类和特点

1　日本养老机构的种类和特点

1.1　介护保险机构

介护保险机构是指提供介护保险机构服务的主体，包括特别养护老人之家、老年保健机构、护理疗养型医疗机构（护理疗养病床）等三种形式，总称为"介护保险三机构"。

然而，有许多并非必须住院治疗的老年人选择入住护理疗养型医疗机构以代替其他机构，这样的案例层出不穷，因此 2018 年护理疗养型机构被废除，向更加重视日常生活功能的新型养老机构转型。

此外，介护保险制度正朝着高效率、重点化的发展方向进行改进，从 2015 年 4 月起，为强化特别养护老人之家在帮助居家生活有困难的护理需求者起到的重要作用，原则上限定新入住特别养护老人之家的入住者必须是护理认定等级 3 级以上的老年人（机构承担重度护理需求者，而轻度护理需求者依靠居家护理机制，这将成为未来趋势——编者注）。

一直以来入住者负担的护理费用中包含了住宿费和餐费，现在原则上需要自行负担，但针对低收入人群，实行减免部分住宿费和餐费的补贴政策。

（1）特别养护老人之家（护理型老年人福利机构）

- ·法律依据：《老年人福利法》《介护保险法》
- ·基本性质：为需求护理的老年人创建的生活机构
- ·定义：针对 65 岁以上因身体或精神上有显著疾病且需要日常护理的老年人而创建的、让难以进行家庭护理的老年人入住并提供养护服务的机构
- ·针对人群：护理认定等级 3 级以上者
- ·主要创建单位：地方公共团体、社会福利法人

特别养护老人之家为 1963 年实施的《老年人福利法》所规定创建的老年人福利机构。随着 2000 年《介护保险法》的实施，该类型老人之家成为由日本都道府县规定的可接收需求护理老年人的福利指定机构，成为介护保险机构体系提供服务的主体。

此类机构规定接收护理认定等级 3 级以上、需日常接受护理服务的老年人，提供基于老人之家服务计划的洗浴、排泄、进食等日常生活上的护理、身体机能训练及健康管理等涉及生活的全方位服务（**表 3-1、表 3-2**）。

过去，四人间的大卧室是老人之家的主流形式，这是为能有效地照顾更多需要护理的老年

人而不得不采取的"集体护理"的方式。然而，为保证入住者有尊严的生活，尊重每个人的个性和生活节奏，有必要采取"个性化护理"的方式，于是 2003 年创设了以单人间 / 单元护理为原则的"新型特别养护老人之家"，旨在打造单人间为主流卧室模式，小规模区域为主流生活范围的养老机构。

单元护理的最大特点是既有可保护入住者个人隐私的单人间，也有为入住者与其他入住者及护理人员进行交流而设置的"客厅（共同生活室）"。入住者以 10 人左右为单位组成一个单元，各单元固定配备的熟悉的护理人员可按照每位入住者的不同需求提供服务，确保入住者过上有尊严有节奏的生活。

表 3-1　特别养护老人之家（护理型老年人福利机构）所需人员

医生	为入住者的健康管理及疗养上的指导配备必要数量的医生
看护 / 护理员工	配备比例为 3∶1
营养师 / 机能训练指导员	入住人数超过 100 人时至少配备 1 名

表 3-2　特别养护老人之家（护理型老年人福利机构）设施及设备

居室	入住者人均 10.65m² 以上，原则上限员 1 人
医务室	依据医疗法的规定设立诊所
餐厅及机能训练室	面积至少为 3m² × 入住限员数
走廊宽度	1.8m 以上
浴室	适合护理需求者洗浴

※单元型护理老年人福利机构在保证以上标准的同时，还需满足下列条件：
· 设立共同生活室；
· 在共同生活室附近设立与共同生活室一体的居室；
· 一个单元的限定人数约 10 人；
· 一般情况下白天一个单元至少配备一名护理人员或看护人员，夜间两个单元至少配备一名护理人员或看护人员；
· 每个单元需配备专职的单元负责人等。

（2）老年人保健机构（护理型老年人保健机构）

· 法律依据 :《老年人保健法》《介护保险法》
· 基本性质 : 以老年人康复回家为目标，为需要护理的老年人提供康复训练等服务的机构
· 定义 : 以老年人保健机构的服务计划为基础，向护理需求者提供看护 / 医学管理模式下的护理、身体机能训练及其他必要的医疗和日常生活上照料为目的的机构
· 针对人群 : 护理认定等级 1 级以上者
· 主要创建单位 : 地方公共团体、医疗机构法人

老年人保健机构为向病情处于平稳期，无需入院接受治疗但需要进行康复训练及医疗护理的老年人在看护 / 医学管理模式下提供护理、康复训练、医疗护理及生活服务等综合性服务的

机构，也被称为存在于医院和家庭之间的"中间机构"，其特点是入住的老年人是在出院后或是平日在家生活中对身体状况有所担忧，以康复回家为目的，以康复训练为中心而入住，从而起到维持、改善身体机能的作用。因此，原则上入住期限为三个月，配备有常驻医生、护士及理疗师，以提供比其他护理机构更为精心的护理为其一大特色（**表 3-3**、**表 3-4**）。

表 3-3　老年人保健机构（护理型老年人保健机构）所需人员

医生	专职 1 名以上，配备比例为最低 100∶1
药剂师	根据实际情况配备合适的人数（标准配备比例为 300∶1）
看护/护理员工	配备比例为最低 3∶1，其中看护人员占比为约 2∶7
援助顾问	1 名以上，配备比例为最低 100∶1
理疗师/操作治疗师或语言听力师	配备比例为最低 100∶1
营养师	入住人数超过 100 人时至少配备 1 名
护理援助专员	至少 1 名（标准配备比例为 100∶1）
厨师、事务员及其他工作人员	根据实际情况配备合适的人数

表 3-4　老年人保健机构（护理型老年人保健机构）设施及设备

居室面积	※ 固有型：人均面积 8m² 以上，限员 4 人以下 ※ 单元型：人均面积 10.65m² 以上，原则上采用单间
机能训练室	面积至少 1m²× 入住限员数
餐厅	面积至少 2m²× 入住限员数
走廊宽度	1.8m 以上（内走廊宽度为 2.7m 以上为宜）
浴室	配备了满足行动不便者洗浴的条件等

※单元型老年人保健机构在保证以上标准的同时，还需要满足下列条件：
· 设立共同生活室；
· 在共同生活室附近设立与共同生活室一体的疗养室；
· 一个单元的限定人数约 10 人以下；
· 一般情况下白天一个单元至少配备一名护理人员或看护人员，夜间两个单元至少配备一名护理人员或看护人员；
· 每个单元需配备专职的单元负责人等。

（3）护理疗养型医疗机构

· 法律依据：旧版《医疗法》、旧版《介护保险法》
· 基本性质：为需要进行医疗保障的需护理老年人设立的长期疗养机构
· 定义：属具备疗养病床等设施的医院或诊所，旨在基于机构的服务计划向住进该疗养病床的护理需求者提供疗养上的管理、看护、医学管理模式下的护理及其他的照料及身体机能训练，同时提供其他必要的医疗服务的机构
· 针对人群：护理认定等级 1 级以上
· 主要创建单位：地方公共团体、医疗机构法人

护理疗养型医疗机构是面向日常需要护理及医疗管理的老年人开设的机构。以病情进入平稳期需长期疗养的患者为对象，配备医生（100 床配备 3 名）、护士（配备比例 6：1）及护理师（配备比例 6：1），通过医疗手段应对日常面临的疾病慢性期。相比于普通医院的病床，这里的病床面积更大，还设有餐厅和聊天室等空间，营造适合疗养的环境，但主流居室为四人间，每人所占面积在 6.4m² 以上，在介护保险三机构中居住品质最弱（**表 3-5**、**表 3-6**）。

疗养病床被批评为无需医疗的老年人利用它来代替老人之家的机构，滋生 "社会性住院" 的温床。护理养老型医疗机构也将按照 2006 年 6 月确立的《健康保险法等法律的部分修订》计划予以废除，将其转换为老年人保健机构或特别养护老人之家。2012 年以后，不再批准新设立此类机构。但是，由于转型未能顺利进行，该类型机构至 2018 年 3 月 31 日之前仍继续存在。为废除此类护理疗养型老人之家，正在探讨其向全新的可应对长期疗养的 "带医疗功能的机构型" 以及外置医疗功能的 "居住与医疗机构同时设立" 两种新型老人之家转型。

表 3-5　护理疗养型医疗机构所需人员

医生	达到医疗法规定的必要人数以上（约 48：1）
药剂师	达到医疗法规定的必要人数以上（约 150：1）
看护人员	配备比例为 6：1
护理员	配备比例为 6：1
理疗师 / 操作治疗师	根据实际情况配备合适的人数
营养师	达到医疗法规定的必要人数以上（入住人数超过 100 床时至少配备 1 名）
护理援助专员	1 名以上（标准配备比例为 100：1）

表 3-6　护理疗养型医疗机构设施及设备

居室面积	※ 固有型：人均面积 6.4m² 以上，限员 4 人以下 ※ 单元型：人均面积 10.65m² 以上，原则上为单人间
机能训练室	面积 40m² 以上
餐厅	（2m²× 入院患者数）以上
走廊宽度	1.8m 以上（内走廊 2.7m 以上为宜）
浴室	配备了满足行动不便者洗浴的条件等

※单元型护理疗养型医疗机构在保证以上标准的同时，还需要满足下列条件：
　·设立共同生活空间室；
　·在共同生活空间附近设立与共同生活室一体的疗养室；
　·一个单元的限定人数约 10 人以下；
　·一般情况下白天一个单元至少配备一名护理人员或看护人员，夜间两个单元至少配备一名护理人员或看护人员；
　·每个单元需配备专职的单元负责人等。

1.2 收费老人之家

- 法律依据：《老年人福利法》第 29 条
- 基本性质：为老年人提供住所
- 定义：向老年人提供厚生劳动省令所规定的帮助入住、洗浴、排泄以及帮助饮食、提供餐饮及其他日常生活上必要的便利服务（以下称作"护理等"），是指非老年人福利机构、认知症老年人协助生活援助事业型住宅及其他厚生劳动省令所规定的机构
- 针对人群：老年人（因《老年人福利法》中并未对老年人做出定义，以社会常识为依据进行解读）
- 主要创建单位：无限制
- 人均面积：13m² 以上，原则上是单人间
- 人员配备标准：带护理服务的收费老人之家的护理和看护职工的配备标准比例为 3:1

（1）收费老人之家的定义和作用（图 3-1）

1. 设立制度的目的

○以老年人福利法第29条第1款的规定为依据，为老年人谋求福利，为保持他们的身心健康及生活稳定而采取必要的措施，特设立本制度。
○制度的设立需要向都道府县知事提出申报。另外，对设立主体没有要求（株式会社、社会福利法人等）。

2. 收费老人之家的定义

○为老年人提供住所，并提供下列①~④的服务当中的任意服务（可为多项服务）的机构。

① 提供餐饮
② 提供护理服务（洗浴、排泄、饮食）
③ 帮助完成洗涤、清扫等家务
④ 健康管理

3. 提供的介护保险服务

○在介护保险制度中，"特定机构入住者的生活护理"是介护保险所应提供的服务。但是，除了设立时需要向都道府县知事申报外，还需在满足一定标准的情况下，得到都道府县知事、主管城市市长以及具体设立城市市长的认可。

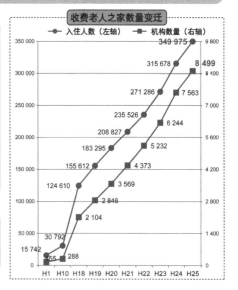

收费老人之家数量变迁

入住人数（左轴） 机构数量（右轴）

349 975
315 678 8 499
271 286 7 563
235 526 6 244
208 827 5 232
183 295 4 373
155 612 3 569
124 610 2 846
2 104
30 792
15 742
55 288

H1 H10 H18 H19 H20 H21 H22 H23 H24 H25

※虽然法律上并未规定具体标准，但作为自治团体指导方案的标准模式，《收费型老人之家设立运营标准指导方案》对居室面积等标准进行了确定（例如：单人间人均面积至少在 13m² 以上等规定）。

图 3-1　收费老人之家概况
（出处：日本厚生劳动省网站）

收费老人之家是让老年人入住机构并提供餐饮及生活服务的服务机构，与特别养护老人之家及关怀屋等机构不同，并非老年人福利机构。

该类型机构主要由民间从业者设立，自 2000 年介护保险制度引入后，民间企业更加积极地参与进来，机构数量、限员人数均有所增加。近年来随着高龄老年人的增加，家庭护理能力有所下降，加之特别养护老人之家规定未达到护理认定等级 3 级以上的重度情况不能入住，因此针对护理需求者的居住需求而设立的收费老人之家得到了普及。与同样是由民间从业者为设立主体的"服务型老年人住宅"相比较，更重视服务，大多会提供包括餐饮、生活援助、娱乐活动、健康管理、护理等综合性服务。

收费老人之家的定义很简单，即让老年人入住机构并至少提供洗浴、排泄或饮食护理，提供餐饮，帮助完成洗涤、清扫等家务，健康管理等服务中一项服务的机构。老年人福利法中规定，除设立前需向都道府县的知事申报之外，还对账目的制定、保存、遵守合同内容等做了最低限度的规定。

收费老人之家原本是由民间开发和创意而来满足老年人多样需求的机构，因此存在着并不完全遵循所有规定的特点。然而，作为老年人长年生活的处所，入住者在入住时一次性缴纳了较多的费用，对护理等服务抱有相应的期待，所以机构必须保证一定的服务质量，因此厚生劳动省制定了《收费老人之家设立运营标准指导方案》。各都道府县、政策制定城市等也需要参考这一标准指导方案，并针对当地的实际状况确立自己的指导方案，以此为基础对收费老人之家的从业者进行持续性的指导。此外，由于采取的是申报制，与许可、认定制度不同，故还存在一些未达到相应水平的老人之家，对此也需留意。

收费老人之家的从业者在设立老人之家前需向都道府县知事等提出"设立申请"，并依据各都道府县等制定的《收费老人之家设立运营指导方案》经营业务。

收费老人之家设立运营标准指导方案的项目◇◇◇◇◇◇◇◇◇◇◇◇◇◇◇◇◇◇◇◇◇◇◇◇◇◇◇

1. 用语的定义
2. 基本事项
3. 设立人
4. 建设条件
5. 规模及构造设备
6. 规模及构造设备的特殊规定（使用原有建筑物时）

7. 工作人员的配置、培训及卫生管理
8. 收费老人之家的业务运营
9. 服务等
10. 业务收支计划
11. 使用费用等
12. 合同内容等
13. 信息公开

※ 都道府县参考上述各项制定《收费老人之家设立运营指导方针》。

◇◇

（2）收费老人之家的分类

收费老人之家根据所提供护理服务的不同，可分为"护理型""住宅型"以及一旦需要护理时即离开的"健康型"三种类型。目前，"健康型"收费老人之家几乎不存在了。实际上仅有按照介护保险制度中"特殊机构入住者生活护理"的规定履行介护保险制度的"护理型"收费老人之家，以及选择使用与自己家同属一个地区的地域护理服务的"住宅型"收费老人之家两种类型。护理型收费老人之家提供从生活援助到护理的一体化服务。

此外，还从保护入住者的角度出发制定了"说明事项"，其中几点诸如"居住的权利形态"和"使用费的支付方式"及"入住时的相关事项"等主要内容在**表 3-7**、**表 3-8** 中进行说明。

表 3-7　居住的权利形态

	概要	居住和服务合同	法律依据
使用权方式	用房屋租赁合同及终身房屋租赁合同以外的形式，将居住合同和护理及生活援助等服务合同做成一个合同的方式	一体	无
房屋租赁方式	租赁住宅的居住合同形式，居住合同和护理等服务合同分别签署	分别	土地租赁房屋租赁法
终身房屋租赁方式	是房屋租赁合同中特殊的类型，依据特别约定，约定"入住者去世后合同即终止"这一合同内容生效的形式		土地租赁房屋租赁法确保老年人稳定居住的相关法律

表 3-8　使用费的支付方式

	概要	注意点
预付款方式	终身制房租（押金除外）全额或部分金额以预付款形式一次性支付的方式	·入住时需支付大量费用 ·每月只需少量使用费
月付方式	不缴纳预付款，按月支付房租（押金除外）的方式	·入住时不需要支付大量费用 ·有时需要支付押金
选择方式	可选择预付款方式或月付方式	·月付方式的房租比预付方式价格设定要高

＜发展经过＞

1963 年的《老年人福利法》规定，收费老人之家是"通常有 10 人以上的老年人入住，以提供餐食和其他日常生活上必要的便利为目的的机构，并非老年人福利机构"。概括来说，除老年人福利机构以外的、由民间从业者等设立的针对老年人的机构，总称为收费老人之家，这一名称是经过了一系列发展才确定下来的。

收费老人之家在 20 世纪 80 年代的泡沫经济期开始备受瞩目。豪华餐厅或浴场内设有游泳池、活动室、兴趣活动室等丰富多彩的公共活动场所，正象征着收费老人之家是"快乐的退休生活"的开始，富裕阶层入住时一次性支付数千万日元以上的入住金，享受提供餐饮、家务、休闲娱乐等方面的服务，如需要提供护理服务，也有护理专用室，可终身享受护理服务，这就是收费老人之家的存在形态。

但是泡沫经济破灭后，随着老龄化的发展，改装员工宿舍等设施作为低收费老人之家的需求有所增加，这类老人之家的数量也渐渐增加。

随着 2000 年介护保险制度的实施，达到一定水平的收费老人之家按照介护保险中特定机构入住者生活护理的规定，成为介护保险的支付对象，自此又有了新的从业者加入，护理型收费老人之家也急剧增加。

自此，存在脱离收费老人之家的定义约束（各都道府县等制定的《收费老人之家设立运营指导方案》）、想要逃避收费老人之家申报规定的情况，且面临着消费者保护这一问题。因此 2006 年修订了《老年人福利法》，对收费老人之家重新做了定义，撤销了人数上的限制，规定只要有 1 人以上的老年人入住老人之家，且老人之家只要提供①餐饮供给，②提供生活护理（洗浴、排泄、饮食）服务，③完成洗涤、清扫等家务，④健康管理等四项服务中的任意一项服务，即可定义为收费老人之家。

随着护理型收费老人之家的急剧增加，地方公共团体由于担心介护保险财政负担从而制定了新的设立规定，2007 年以后住宅型收费老人之家数量有所增加。

（3）护理型收费老人之家

在收费老人之家中，满足《介护保险法》规定的人员、运营、设立标准等的要求，并由都道府县知事批准设立的特定机构入住者生活护理（以下简称为"特定设施"）的收费老人之家称为护理型收费老人之家。

护理型收费老人之家既接收健康时入住、后期需要护理时继续居住的老年人，也接收需要护理时开始入住的老年人。

◆特定机构入住者生活护理

特定设施入住者生活护理是指以入住特定机构的护理需求者及援助需求者为对象，为其提供日常生活照料、身体机能训练、疗养照料等服务，是长期介护保险的实施对象。

特定机构的对应机构包括收费老人之家、低收费老人之家（关怀屋）和养护老人之家，而服务型老年人住宅如与收费老人之家定义相符也可称之为特定机构。

特定机构的主要人员标准、设备标准，如**表 3-9**、**表 3-10** 所示。

另外，特定机构分为"一般型特定机构入住者生活护理（以下简称'一般型'）"和"外部服务使用型特定机构入住者生活护理（以下简称'外部服务使用型'）"两种类型。

表 3-9　特定机构的人员标准表

职务		配置标准	备注
管理者		原则上 1 名专职	专职（在不冲突的情况下，可兼任机构内同一用地范围内的其他职务）
生活顾问		服务对象：职工＝ 100：1	专职人员 1 名以上
看护 / 护理人员		服务对象：职员＝ 3：1	在需援助等级 1 级时配备比例为 10：1
看护	服务对象 30 人及以下	职工 1 名以上	1 名专职
	服务对象 31 人及以上	服务对象每 50 人需配备 1 名看护	1 名专职
护理		1 名以上	· 对于援助需求者来说夜班时间段例外 · 1 名以上专职
机能训练人员		1 名以上	可兼职
计划制定负责人		1 名以上	专职（在不冲突的情况下，可兼任机构内同一用地范围内的其他职务）

表 3-10　特定机构的设施标准

		设施标准
建筑物		· 耐火性建筑物　　· 准耐火性建筑物
建筑物内的居室	护理居室	· 原则上为单人间　　· 保护个人隐私　　· 适合护理的足够大的面积 · 禁止设置台阶　　· 确保具有有效性的疏散出入口
	临时护理室	· 适合护理的足够大的面积
	浴室	· 适合行动不便者洗浴的洗浴设施
	厕所	· 设有居室的楼层均设置厕所，以备紧急情况下使用
	餐厅	· 可充分发挥应有使用功能的合适面积
	机能训练室	· 可充分发挥应有使用功能的合适面积
无障碍		· 具有使用者可顺利移动轮椅的空间与结构
防灾		· 配备灭火设备以及其他突发灾害发生时的必要设备

　　一般型机构通过雇佣的工作人员直接提供服务，与特别养护老人之家相同，需支付综合性护理费。而外部服务使用型机构则通过委托合同由外部护理服务从业者提供护理服务（图 3-2）。

　　实际上，接受入住收费老人之家、关怀屋的特定机构多为一般型机构，外部服务使用型机构则多是养护老人之家。

（4）住宅型收费老人之家

　　住宅型收费老人之家是由入住者自己选择签署合约的外部介护保险事务所提供上门护理、

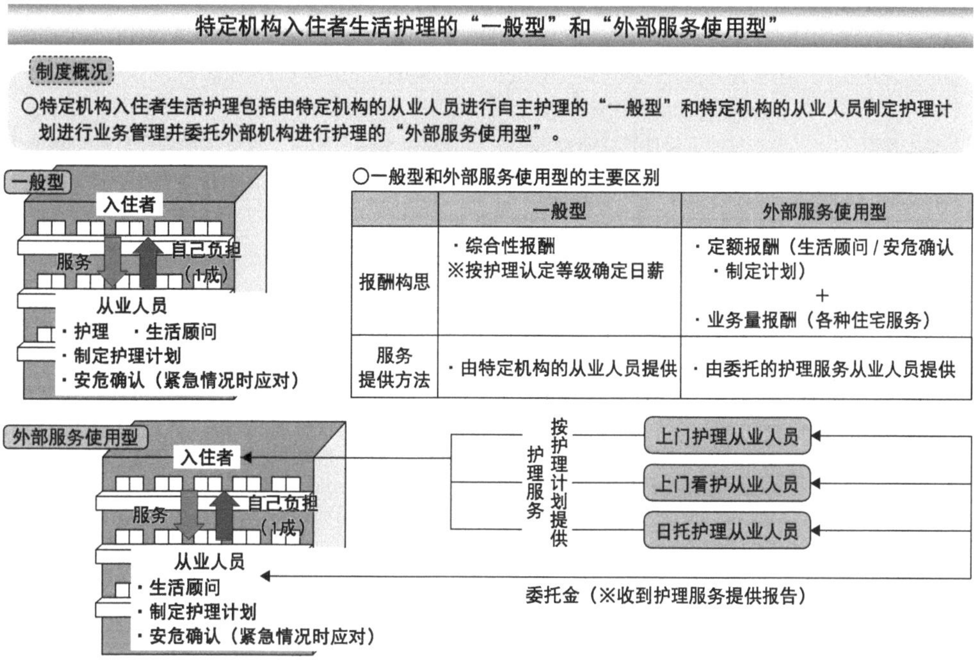
特定机构入住者生活护理的“一般型”和“外部服务使用型”
制度概况
○特定机构入住者生活护理包括由特定机构的从业人员进行自主护理的“一般型”和特定机构的从业人员制定护理计划进行业务管理并委托外部机构进行护理的“外部服务使用型”。
一般型
入住者
服务
自己负担（1成）
从业人员
· 护理 · 生活顾问
· 制定护理计划
· 安危确认（紧急情况时应对）
○一般型和外部服务使用型的主要区别
一般型
外部服务使用型
报酬构思
· 综合性报酬
※按护理认定等级确定日薪
· 定额报酬（生活顾问 / 安危确认 · 制定计划）
+
· 业务量报酬（各种住宅服务）
服务提供方法
· 由特定机构的从业人员提供
· 由委托的护理服务从业人员提供
外部服务使用型
入住者
服务
自己负担（1成）
从业人员
· 生活顾问
· 制定护理计划
· 安危确认（紧急情况时应对）
护理服务
按护理计划提供
上门护理从业人员
上门看护从业人员
日托护理从业人员
委托金（※收到护理服务提供报告）

图 3-2　一般型特定机构和外部服务使用型特定机构

（出处：日本厚生劳动省网站）

上门看护和日托服务等介护保险服务的机构。

即使是住宅型收费老人之家，也同时设置了上门护理事务所、日托护理事务所和小规模多功能型居家护理事务所等，更多的护理需求者仍将使用介护保险事务所的服务作为入住条件。但也存在一些没有达到自治团体关于特定机构规定的要求，或难以达到特定机构规定标准仍继续运营住宅型收费老人之家的从业者。

住宅型收费老人之家大多比护理型收费老人之家规模更小，价格区间也低，且入住老年人的平均护理认定等级比护理型收费老人之家更高，希望能起到代替特别养护老人之家的作用。

1.3　认知症患者团体之家（认知症患者应对型共同生活护理）

- 法律依据：《老年人福利法》第 5 条第 2 款第 6 项、《介护保险法》
- 基本性质：为认知症患者提供共同生活的住所
- 定义：入住者在共同生活区内接受洗浴、排泄、饮食等服务及其他日常生活上的照料，进行身体机能训练
- 针对人群：需要护理、需要援助的认知症患者（不包括急性认知症患者）
- 主要创建单位：无限制，法人即可

表 3-11　认知症患者应对型共同生活护理的主要标准

	标准
基本构思	针对患有认知症（急性除外）的老年人，通过共同生活的方式，在家庭式的环境下及与地区内住户进行交流，并为其提供洗浴、排泄、饮食等护理及日常生活上的照顾和身体机能训练，从而实现以现有的生活能力过上可自理的生活
服务对象等	·每个事务所运营 1～2 个共同生活居住区（单元） ·每个单元人数限定在 5 人以上 9 人以下
人员配置	·护理从业人员：白天每 3 位入住者配备 1 名（按全勤换算），夜间每单元配备 1 名 ·计划制定负责人：每单元配备 1 名（至少 1 名是护理援助专员） ·管理者：必须是专职工作人员，同时具备 3 年以上认知症护理工作经验
设备等	·位于住宅区 ·居室面积大于 7.43m^2（和室为 4.5 张榻榻米），原则上是单人间 ·客厅、餐厅、厨房、浴室、灭火设备及其他应对突发灾害的必要设备及其他日常生活上必要的设备 ·客厅及餐厅可以是同一场所（以单元为单位配备）
运营	·协作医疗机构等 ·运营促进会的设立：由服务对象、家属、居民、外部有识之士组成 ·以外部观点评价运营情况

认知症患者团体之家是患有认知症需护理的老年人在 5～9 人的小规模生活区域内与工作人员共同准备食物、清扫、洗衣等，使他们在家庭般和谐的氛围中生活，从而起到稳定认知症病情发展的作用的机构。这样的团体式老人之家起源于北欧，20 世纪 90 年代引入日本。此类机构重视家庭式的居住环境和小规模护理效果，被视作"认知症护理的王牌"，国家于 1997 年开始向团体之家提供补助，2000 年制定的介护保险制度将"认知症患者应对型共同生活护理"这一护理形式列入居家服务中。民间企业亦可参与该类老人之家的设立，尤其是 2000 年《介护保险法》实施以后更是得到迅猛发展（表 3-11）。

团体之家不但有单人间可以确保个人隐私，还能发挥厨房、餐厅、起居室等共同生活空间的作用，通过与工作人员一起购物、准备食物、做饭等，在与自己在家时一样的生活方式中激发他们身体里原本保留的生活能力，从而缓解认知症的症状，过上平和的生活。最近，与医疗机构合作的"人生终点站"项目也进入人们的视野，正在探索实现"最终的归宿"这一方向的可能性（类似于人性化、个性化的临终关怀和安宁疗护——编者注）。

使用费除介护保险负担 10% 以外，房租、餐费、管理费、杂费等费用均需个人负担。

1.4 服务型老年人住宅

- ·法律依据：确保老年人安稳居住的相关法律第 5 条
- ·基本性质：为老年人提供住所
- ·定义：向老年人以租赁住宅或收费老人之家的形式提供入住，掌握老年人的健康情况
  并提供生活顾问服务的住宅
- ·针对人群：符合以下任意条件的单身老年人、老年人夫妇
  年龄在 60 岁以上的老年人
  未满 60 岁，但经过认定符合护理等级级别的老年人
- ·主要创建单位：无限制
- ·人员配置标准：可掌握情况、生活顾问的工作人员（日间）

（1）服务型老年人住宅的注册制度

　　服务型老年人住宅（简称"服老住宅"）是依据 2011 年 4 月确立的"老年人住宅法修正案（确保老年人安稳居住的相关法律）"创立的机构，于同年 10 月开始进行注册。都道府县等机构对作为单身老年人、老年夫妇能够安稳居住的租赁住宅的注册信息进行了公布，可接受国土交通局和厚生劳动省共同管理的制度的监督，居住者还可根据从业者公开的费用及服务内容等与住宅相关的信息选择满足自己需求的住宅。

　　服务型老年人住宅不仅具备满足住宅标准的居室面积、设备及无障碍设施等硬件条件，还具备由护理专家提供的健康管理、生活顾问服务等方面的软件条件。此外，提供签署租赁合同，杜绝收取权利金及礼金等无依据费用的行为，强化行政的指导监督权限，并从保护消费者权益的角度出发，着力打造出一个环境上让签约消费者感到放心且容易做出选择的老年人机构（主要的注册标准参考**表** 3-12）。

（2）促进供给的支持政策以及现状与课题

　　为促进服务型老年人住宅的供给，国土交通省出台了多项支持政策：

① 补助建设、改装费：新建住宅建筑补助建筑费的十分之一（上限是 120 万日元），改建住宅建筑补助改建费的三分之一（上限是 150 万日元）。住宅建筑附属的老年人生活援助机构，新建建筑补助建筑费的十分之一，改建建筑补助改建费的三分之一（共计上限 1000 万日元）（**图** 3-3）。

② 对土地、建筑物的税制优惠：补贴偿还所得税和法人税，减少固定资产税税额及不动产取得税。

③ 住宅金融支援机构给予融资优惠。

表 3-12　服务型老年人住宅的主要注册标准

入住者	① 单身老年人，老年人——年龄在 60 岁以上或经过认定符合护理、援助等级级别的老年人 ② 老年人＋同居者（配偶/60 岁以上的亲属/经过认定符合护理、援助等级级别的亲属等）
规模、设备等	●各居住区域的使用面积原则上在 25m² 以上*（但客厅、餐厅、厨房及其他场地应满足老年人共同使用需求，需在 18cm² 以上） ●各个居住区域需配备厨房、厕所、收纳空间、洗脸池、浴室等*（但是，若在公共场所配有适合公用的厨房、收纳空间及浴室等设施，在能确保给每户单独配备设施同等居住环境情况下，可无需给每户单独配备厨房、收纳空间及浴室） ●无障碍设计（无台阶的地板、设置扶手、保证走廊宽度）*
服务	●至少提供把握老人们身体状况服务（安危确认）、生活顾问服务 　·社会福利法人、医疗法人、指定住宅服务事务所等的工作人员，或者医生、护士、护理福利师、社会福利师、护理援助专员及有 2 级以上助理资格证的工作人员，至少白天需专职在岗提供服务* 　·非在岗时间段按紧急通报体系应对*
有关合同	●签订书面合同　　　　　　　●合同中明确标注居住区域 ●合同约定不收取除押金、房租、服务酬劳以外的费用（禁止收取权利金） ●不得以长期住院或入住者的身心情况发生变化为由*，未经过入住者的同意变更其居住区域或解除合同 ●在工程完工之前不得收取押金及房租等预付款 　＜如需收取房租等预付款时＞ 　·应明确房租等预付款的计算基准及返还债务金额的计算方法 　·入住前 3 个月*内，如解除合同或因入住者死亡导致合同终结时，应返还除（到合同解除为止的天数 × 每日房租等费用）*外的房租等预付款 　·对房租等预付款应考虑必要的保护措施*

＊都道府县知事可在制定的老年人居住安稳保障计划的基础上另行制定实施标准。

（根据国土交通省的部分资料改编）

服务型老年人住宅完善业务概要

业务概况

〈必要条件〉

以"服务型老年人住宅"名义注册
○按老年人居住法修正案建立"服务型老年人住宅"并注册，是获取补助金的条件

其他条件
○以服务型老年人住宅名义注册10年以上
○入住者租金设置与邻近同类型住宅的租金保持均衡
○收取入住者房租的方法不可限定于预付这一方式
○可以确保业务所需资金周转
○建设方针与市町村的城市建设方针保持一致

〈补助率〉

住宅：
　新建　1/10（上限　120万日元/户　等）
　改建※1　1/3（上限　130万日元/户　等）
老年人生活援助机构※2
　新建　1/10（上限　1000万日元/机构　等）
　改建※1　1/3（上限　1000万日元/机构　等）

○联合建造、辅助建设老年人生活援助机构，新建、改建费均有补助

※1　仅限于公共区域及对应年龄增长进行结构等（无障碍化）相关工程的改建
　从2016年起随着用途变更，为适应建筑基本法等法律而增加必要的结构、设备改良相关的工程*。
　*老年人住宅法规定的住宅设备的必要配置等
※2　老年人生活援助机构事例：日托护理、上门护理事务所、居家护理援助事务所、诊所、上门看护事务所等。

图 3-3　服务型老年人住宅完善业务概要（2016 年）

（出处：日本国土交通省网站）

服务型老年人住宅在这些供给促进政策的推动下取得了很好的效果，各种从业者参与进来，设立数量得到顺利提升，全国更是超过了 21 万户。

然而，登记在册的服务型老年人住宅中大约有 8 成住宅的居住面积狭小，不足 25m²，有一半住宅配备的是公共浴室，而且地处地价便宜的偏僻的郊外，制度建立 5 年来，附属的"包围式"护理事务所及服务过剩的担忧等问题逐渐显现，成为亟待解决的课题。

因此从 2015 年起，针对使用面积在 30m² 以上的"夫妇型服老住宅"、运用应有资本开发的"应有资本型服老住宅"及作为区域内定点医疗、护理网点的附属小规模多功能型居家护理事务所等的"网点型服老住宅"，提高了补助限度。对于服老住宅的供给方针，开始考虑"由量向质"的转换。

（3）关于附带服务

服务型老年人住宅的基本服务仅限于"把握身体状况、提供生活咨询"，但根据从业者的创意和地区资源状况，会附加提供餐饮与生活援助服务，或考虑与区域内医疗、护理事务所合作，也可以根据具体情况同时设立医疗、护理事务所，以确保放心的居住、医疗及护理标准。医疗、护理服务由服务型老年人住宅从业者提供，入住者可选择适合自己的服务，使得能够长期在此居住（**图** 3-4）。

说到与介护保险制度的关系，符合收费老人之家定义的服老住宅如获得都道府县等批准为"特定机构入住者生活护理"，则可作为特定机构由服老住宅的工作人员直接向入住者提供护理服务。然而，多数的服老住宅并未被批准为介护保险中的特定机构，而是与住宅型收费老人之家一样，常常是同时设立护理事务所。

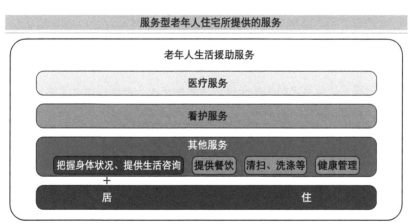

· 把握身体状况、提供生活咨询是针对福利受益者的一项服务。每日至少上门一次，拜访各位入住老人，由此把握身体状况。
· 同时设立机构及居住服务事务所、诊所等，或与机构及居住服务事务所、诊所等合作，创建一个令人安心的养老体制。（适当接洽功能）
· 提供"餐饮、护理、家务、健康管理"中任意一项服务的服务型老年人住宅符合收费老人之家的定义，成为居住地的特殊案例。

图 3-4　服务型老年人住宅所提供的服务

与其称之为住宅，倒不如说是在机构附近的地方同时设立了介护保险事务所，由介护保险事务所提供服务，这也是目前护理需求者机构的主要存在形式。今后的趋势是在提高居住基本性能的同时，更期待通过强化介护保险以外的服务，与收费老人之家及机构之间的差异更明显地体现出来。

1.5 养护老人之家

· 法律依据：《老年人福利法》第 20 条第 4 款

· 基本性质：为居住环境及经济穷困的老年人提供的住所

· 定义：对入住者进行赡养，为帮助入住者实现自立生活而进行必要的指导、训练及其他援助的机构

· 针对人群：65 岁以上因环境及经济上的原因难以在家进行养老的老年人

· 主要创建单位：地方公共团体，社会福利法人

表 3-13　养护老人之家的配备标准

	标准
服务内容	餐饮、洗浴、生活顾问、紧急情况发生时的应对
人员配置	·院长、事务员、生活顾问、支援人员、护士及准护士、营养师、厨师、医生
设备等	·耐火建筑物或准耐火建筑物 ·居室面积为 10.65m²，原则上为单人间 ·静养室、餐厅、集会室、浴室、洗脸池、厕所、医务室、厨房、值班室、职工室、聊天室、洗衣房或洗衣间、垃圾处理室、太平间、事务室及其他运营上的必要设施 ·走廊宽度在 1.35m 以上，内走廊的宽度在 1.65m 以上
运营	·与协作医疗机构、地区的合作等

养护老人之家属于战前养老机构的延续，为救助贫困人群而保留下来的机构。作为唯一的对策机构，入住时必须接受市町村的安排，市町村则按照设置的"入住判断委员会"根据一定的标准评估是否需要入住（表 3-13）。

按照《老年人福利法》的定义，因"环境及经济上的原因"导致一人独居的贫困老年人，可根据处理办法入住该机构，此处所说的"环境"上的原因，其中包含老年人遭受虐待等情况。

设立机构前，市町村需向都道府县知事提出申请，社会福利法人需取得都道府县知事的许可。

自 2006 年起，养护老人之家的入住者也可使用介护保险服务，养护老人之家也获批可接受特定机构入住者生活护理。

现在，养护老人之家数量增长呈停滞状态，限员数量、在院人数都有所减少。近年来，因生活贫困领取生活保护补贴的老年人对象有所增多；社会上的孤寡老年人等也不断增加，在护理需求以外还有其他生活困难，为给陷在这些制度夹缝中的老年人提供切实可行的帮助，日本政府目前正在探讨养护老人之家今后的发展状态。

1.6 关怀屋（低收费老人之家）

· 法律依据：《社会福利法》第 65 条、《老年人福利法》第 20 条第 6 款
· 基本性质：为低收入老年人提供的住所
· 定义：以免费或低价向给老年人提供餐饮及其他日常生活上必要的便利为目的的机构
· 针对人群：被确定为身体机能低下，生活难以自理，对生活持有不安感，而家人又难以给予援助的困难者
· 主要创建单位：地方公共团体、社会福利法人，获得知事许可者

表 3-14　关怀屋的配备标准

	标准
服务内容	生活顾问、餐饮、洗浴、紧急情况发生时的应对
人员配备	·院长、事务员、生活顾问、护理人员、厨师等
设备等	·耐火建筑物或准耐火建筑物 ·居室面积为 21.6m² （单身）和 31.9m² （夫妇）。居室内配备洗脸池、厕所、收纳空间、简易的做饭工具、紧急联络时的报警器等* ·谈话室、娱乐室或集会室、餐厅、浴室、洗脸池、厕所、厨房、聊天室、洗衣房或洗衣间、值班室、事务室及其他运营上的必要设备
运营	·与协作医疗机构、地区的合作等

＊都市型低收费老人之家原则上是单人间，面积在 7.43m² 以上（最好达到 10.65m² 以上）。

低收费老人之家是以较低的费用向因家庭环境或住宅状况等原因无法居家生活的老年人提供住所及日常生活上必要服务的机构，1963 年确定为一项社会制度。包括提供餐饮的 A 型以及原则上由自己做饭的 B 型两大类。1989 年为提高低收费老人之家的居住性，诞生了包含住宅功能、基础福利功能的新型机构"关怀屋"。20 世纪 90 年代以后新设立的低收费老人之家几乎都是关怀屋形式（**表 3-14**）。

关怀屋为无收入限制、生活可自理的 60 岁以上单身老年人或老年夫妇均可入住的机构（新型关怀屋要求入住者护理定等级 1 级以上）。入住者可与各机构直接签订合同入住。

考虑到需使用轮椅，设施设计必须为无障碍设计，单人使用的居住面积为 21.6m² 以上，夫妇二人使用的卧室面积为 31.9m² 以上。设施方面可以向入住者提供餐饮、洗浴、生活顾问

和紧急情况发生时的应对等基础性生活服务，并配备公共餐厅和公共浴室。各居室还配备了迷你厨房、洗脸池，但大多不单独配备浴室。

生活费（相当于餐费）和管理费（相当于房租）由自己全额负担，事务费（相当于人工费）则由机构收入负担。

2000 年《介护保险法》实行以后，关怀屋和收费老人之家被批准为介护保险的特定机构，可由机构向需要护理的入住者提供自有护理服务。

设置机构前，市町村与社会福利法人需向都道府县知事提出申请，其他法人需获得都道府县知事的许可。

◆新型关怀屋

自治体以 PFI（民间资金等灵活使用业务方式）的 BTO（公共所有）方式买下民间企业在公共用地上建造的关怀屋，再向民间企业出租这片关怀屋进行运营，这一形式被称为"新型关怀屋"（类似于国内的公建民营——编者注）。有了民间企业的加入，使得新型关怀屋的实现成为可能。新型关怀屋作为被批准为特定机构的一种护理专用型住宅，以实行"单元护理"为原则，提供每 10 位居住者为一个单元的小规模、共同生活型护理。

◆都市型低收费老人之家

在用地面积不足且地价昂贵的城市，供低收入人群使用的低收费老人之家很难得到发展，因此 2010 年在东京都、大阪府等大城市创立了"都市型低收费老人之家"，放宽了关怀屋的设备配备及员工配置标准，降低了使用费。大都市中的许多老年人护理认定等级不高，但居家生活困难需要他人帮助，针对此类群体正在完善合适的住宅建设。

1.7 小规模多功能型机构

· 法律依据：《介护保险法》
· 定义：通过上门拜访、自行前往服务网点、短期住宿的住宿方式在家庭式的环境下及与地区内住户进行交流中，为其提供洗浴、排泄、饮食等护理及日常生活上的照顾及身体机能训练，从而实现以现有的生活能力过上可自理的生活
· 针对人群：65 岁以上的需要支援、需要护理的人群
· 主要创建单位：无限制，法人即可

为使需要护理的老年人在居住熟悉的家庭及地区环境下继续生活，根据服务对象的状态和需要，以"往返"为中心推出的结合"住宿""上门"的 3 种家庭护理服务，并随着 2006 年

表 3-15　小规模多功能型机构的配备标准

	标准
人员限定	・注册限定人数在 25 名以下 ・来往通勤限定人数为注册限定人数的一半至 15 名 ・住宿限定人数为来往通勤限定人数的三分之一至 9 名
人员配置	・管理者：配备专职人员 ・护理人员：（日间通勤）用全勤换算方法计算，每三位服务对象至少需配备 1 名 　　　　　　（日间上门）用全勤换算方法计算至少需配置 1 名 　　　　　　（夜间）住宿和上门访问需配置 2 名（1 名可为夜班人员） ・看护人员：至少 1 名从业人员 ・计划制定负责人：1 名（可兼职）
设备等	・选在住宅区，或确保可与住宅区同等程度的服务对象家属、地区居民进行交流的地区 ・住宿的居室原则上为面积 7.43m² 的单人间，入住条件被认可的情况下双人间亦可 ・客厅、餐厅、卧室、厨房、浴室 （客厅和餐厅的面积以可有效发挥其固有的功能为标准）
运营	・协作医疗机构等 ・运营促进会的设立：每两个月至少举办 1 次，汇报活动情况

4 月《介护保险法》的修正实现了对这一模式的制度化。从"机构"到"家庭"的转变实现了正规化，以足不出户为核心提供 365 天 24 小时不间断的护理服务，小规模多功能型居家护理的未来发展值得期待（**表** 3-15、**图** 3-5）。

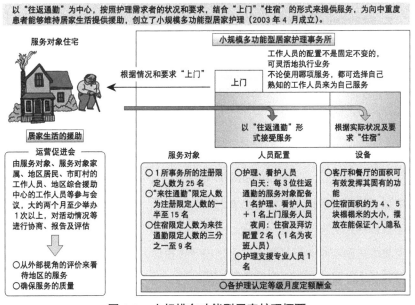

图 3-5　小规模多功能型居家护理概要

（出处：日本厚生劳动省网站）

此外，在 2012 年对《介护保险法》进行修订时，特别为满足中、重度患者居家医疗支援的高度需求，结合"上门看护"和"小规模多功能型居家护理"创立了提供"复合型服务"的模式，复合型服务模式因其名称难以理解，在 2015 年的修正案中将其更名为"看护小规模多功能型居家护理"。随着医疗制度改革的进展，在策划缩短住院时间时，重点考虑了居家医疗、居家护理的合作体制。为支持居家疗养生活，通过"看护小规模多功能型居家护理"完善 365 天 24 小时无间断提供医疗援助的服务体制，这在改变地区的医疗现状方面被寄予厚望（**图** 3-6）。

图 3-6　看护小规模多功能型居家护理概要

（出处：日本厚生劳动省网站）

◆同时设立时

当如下四种地域密集型机构同时设立时，为在向"住宅"转移后同样保持紧密关系，在满足各机构人员标准的情况下，工作人员可实行整体化运营（可兼任）。

·认知症型共同生活护理（认知症患者老人之家）

·地域密集型特定机构（特定小规模）

·地域密集型护理老年人福利机构（小规模特殊护理）

·护理疗养型医疗机构（仅限有疗养病床的诊所）

2005 年以后，也可在同一建筑物内同时设立广域型特别养护老人之家和护理老年人福利机构。

1.8 短期入住机构

（1）短期入住生活护理机构（表 3-16、表 3-17）

法律依据：《介护保险法》

定义：让居家护理需求者短期入住特殊养护老人之家或老年人短期入住机构，并为其提供洗浴、排泄、餐饮等护理服务及其他日常生活照料以及进行身体机能训练。

针对人群：需要援助、需要护理的老年人

主要创建单位：独立型无限制。同时设立型及空床型的运营主体为特别养护老人之家（社会福利法人等）

可提供服务：餐饮、洗浴、排泄等护理，身体机能训练（康复训练），其他服务

表 3-16　短期入住生活护理机构（短期停留）人员标准

医生	至少 1 名
生活顾问	100 位服务对象至少需配备 1 名（全勤换算） ※ 其中 1 名为专职（不包括使用人数限员为 20 人以下的同时设立的事务所）
护理人员或护士、准护士	3 位服务对象至少需配备 1 名（全勤换算） ※ 其中 1 名为专职（不包括使用人数限员为 20 人以下的同时设立的事务所）
营养师	至少 1 名 ※ 使用人数限员为 40 人以下的事务所在一定情况下可不配备营养师
机能训练指导员	至少 1 名
厨师和相关工作从业人员	根据实际情况配备合适的人数

表 3-17　短期入住生活护理机构（短期停留）设备标准

使用限定人数等	20 人以上为单位，设立专用居室 ※ 但是，如为同时设立的事务所的情况下不满 20 人也可设立专用居室
建筑物	耐火建筑物、准耐火建筑物
居室	入住限定人数为 4 人以下，使用面积（人均）在 10.65m² 以上 充分考虑日照、采光、通风等问题，保证服务对象的保健卫生，防灾
餐厅及机能训练室	总面积达到 3m²× 使用限员人数以上
浴室、厕所、洗脸设备	适合护理需求者使用
其他	必须配备医务室、静养室、面谈室、护理人员室、看护人员室、厨房、洗漱室或洗漱间、垃圾处理室、护理材料室
走廊宽度	1.8m 以上（内走廊的宽度在 2.7m 以上为宜）

接收需要护理的老年人短期居住，由机构提供餐饮、洗浴、排泄及其他必要的日常生活照料及身体机能训练等服务。一方面是为了照顾服务对象的日常生活，训练身体机能；另一方面更是为了维持服务对象的身心机能，并且减轻服务对象家属身体及精神上的负担。实际上多数情况是为居家护理老年人的家属提供一个休息、恢复的机会，或家属需要出门旅行、出差及生病时暂时利用此机构来减轻负担（也称之为"喘息服务"——编者注）。

这一机构包括与特殊护理老人之家同时设立的"同时设立型"、利用特别养护老人之家空床位的"空床型"及独立运营的"独立型"三种类型。其中独立型民间企业也可参与运营。

连续使用天数超过 30 天后的费用需个人全额负担。

（2）短期入住疗养机构

法律依据：《介护保险法》

定义：让居家护理需求者短期入住护理老年人保健机构或护理疗养型医疗机构，并为其提供看护、医学性护理服务、身体机能训练及其他必要的医疗及日常生活上的照料服务

针对人群：病情处在平稳期的需要援助、需要护理的老年人

主要创建单位：护理老年人保健设施、护理疗养型医疗设施、诊所等

可提供服务：由医生、护士、理疗师等提供医疗服务、身体机能训练及其他服务

表 3-18　短期入住生活护理机构（短期停留）设备标准

	护理老年人保健设施	医院（疗养病床）	有床位的诊所（疗养病床）	符合标准的诊所（一般病床）
看护、护理工作人员配置	护理老年人保健机构必要的人员配置	指定护理疗养型医疗机构时→指定护理疗养型医疗机构必要的人员配置 其他机构时→拥有医疗疗养病床的医院或诊所的必要配置		·看护、护理 3：1 ·制定夜间紧急联络体系，配备至少一名护士、准护士或护理人员
病床面积	8.0m² 以上	6.4m² 以上	6.4m² 以上	6.4m² 以上
机能训练室	1m²/限员	40m²	充足的空间	充足的空间

短期入住疗养机构的设立目的是为了让服务对象尽可能实现居家自理的日常生活，以提升疗养生活的质量，减轻家属的护理负担（**表 3-18**）。护理老年人保健机构或护理疗养型医疗机构向短期入住的老年人在看护、医学管理的情况下提供护理、身体机能训练及其他必要的医疗和日常生活照料。

连续使用 30 天后的费用需个人全额负担。

2 老年人护理服务的种类与特征

伴随着老龄和疾病，很多老年人每天的生活中都需要某些援助，他们在餐饮、排泄、移动、洗浴、卫生等自我照顾生活动作及烹调、洗涤、打扫等生活关联行为上存在各种困难或障碍。介护保险制度中有多种援助作为护理服务提供给这些需要护理的老年人。

2.1 上门护理（home help）服务

上门护理员前往护理需求者的住所，针对日常生活能力（ADL，Activities of Daily Living）和工具性日常生活活动能力（IADL，Instrumental Activities of Daily Living）存在障碍或困难的情况，进行洗浴、排泄、餐饮等协助、烹饪、洗涤、打扫等家务活动，并给予生活等方面的咨询、建议及其他日常生活上的必要照料。

（1）上门洗浴护理

利用洗浴车等前往住所，提供浴池并帮助护理需求者洗浴。与由护理者在家帮助洗浴或接送至机构洗浴相比，大多洗浴极为困难者会利用此项护理服务。

（2）上门看护

护士前往护理需求者的住所，目的是在预防需护理状态恶化的同时，根据服务对象的希望尽可能帮助其继续在家生活，提高居家疗养者或残疾人及其家人的自理生活能力与生活质量（QOL，Quality Of Life）。

具体内容如下：

① 病情的观察和信息收集；
② 疗养上的照料（在饭食、排泄上给予帮助、清洁、移动、换衣服）；
③ 辅助疗养；
④ 精神援助；
⑤ 指导康复训练；
⑥ 援助家人；
⑦ 指导疗养；
⑧ 在家看护援助等。

（3）上门指导康复训练

针对病情处于稳定期，需要在有计划的医学管理下进行康复训练者和主治医生认可的护理需求者等，由医院、诊疗所或护理老年人保健机构的理学疗法士或作业疗法士前往其住所进行必要的康复训练指导以维持与改善其身心机能，提高其日常生活的自理能力。

目的是使服务对象尽可能在家度过符合自身能力的自立生活，维持或恢复生活自理能力。

（4）居家疗养管理指导

由医院、诊疗所或保险药房、上门护士站中的医生、牙科医生、牙科保健员、药剂师、国家注册营养师、看护人员等针对去医院困难的护理需求者进行上门服务，掌握其身心状况与环境等，并根据这些情况进行疗养上的管理及指导。

医生（含牙科医生）针对服务对象等，就关于享受居家服务的注意事项给予指导与建议，向居家护理援助事务所等提供必要信息，牙科保健员（保健师、护士、助理护士）按照医生的指示进行口腔内的清洁和托牙的清洗等的指导。

国家注册营养师进行营养管理和营养指导，属于医疗机构或保险药房的药剂师按照医生的指示，除了进行病历管理和服药指导外，还要掌握服务对象的服药情况等。上门护士站的护士给予服务对象疗养上的咨询与援助，向居家护理援助机构等提供必要的信息。

2.2 日托护理（day service）及短期入住（short stay）

在家护理需求者类似于老年人日托服务等机构，享受洗浴、排泄、饭食等护理、健康状态的确认、生活等方面的咨询、建议及其他日常生活上的必要照料和接受心理治疗的服务。

日托体系的居家护理服务的目的是针对居家护理需求者，通过以日托形式提供各种服务，为护理需求者拥有健全而稳定的居家生活提供帮助、消除其社会孤立感、维持与提高其身心机能等。同时，也力求减轻其家人的身体和精神负担。

（1）日托康复训练（day-care）

针对病情稳定期，需要在有计划的医学管理下进行康复训练者和主治医生认可的护理需求者等，帮助服务对象维持与恢复身心机能，以使其尽可能根据自己具备的能力度过独立的日常生活。

目的有以下 5 项：

① 身心机能的维持与恢复

② 减轻认知症老年人及青年型认知症患者的症状、恢复稳定的日常生活

③ 日常生活能力（ADL）的维持与恢复

④ 工具性日常生活能力（IADL）的维持与恢复

⑤ 交流能力或社会关系能力的维持与恢复

本业务一般称为日间照料，开展业务的机构仅限于医院、诊疗所、护理老年人保健机构。而且，该机构除了援助咨询员、护理人员外，还需有专职的医生、护士、理学疗法士、作业疗法士或言语治疗专家或在一定条件下配置这些人员，并且必须具备可应对服务对象数量的人员数。

（2）短期入住生活护理（short stay）

在老年人短期入住机构、特别养护老人之家等短期入住，享受洗浴、排泄、饭食等护理及

其他日常生活上的照料，并进行机能训练。以在家进行自立援助为目的，在家的生活、护理存在困难时暂时或短期入住于上述机构，为护理需求者本人提供生活援助的同时，也力求减轻护理需求者家人的负担。

对象者为被认可为需要护理的人，暂时在自己家度过日常生活存在障碍的人，可享受的理由有护理者的社会性原因（疾病、分娩、婚姻仪式、悼念仪式、事故、灾害、失踪、出差、工作调动、看护、参与学校等的公共活动时等）和私人原因（休养、旅行）。

使用介护保险不能享受超过 30 天的短期入住生活护理服务。

（3）短期入住疗养护理（short stay）

面向病情处于稳定期，需要短期入住的护理需求者，使其短期入住于护理老年人保健机构、护理疗养型医疗机构，为使其尽可能根据自己具备的能力独立日常生活，在看护、医学管理下，进行护理、机能训练与其他必要的医疗及日常生活上的照料，同时提高疗养生活的质量，减轻服务对象家人的身体上及精神上的负担。

该服务的作用如下：

① 减轻主要护理者的负担

② 对疾病进行医学管理（诊疗的方针）

③ 安装的医疗器具的调整、更换

④ 指导康复训练（机能训练）

⑤ 帮助认知症患者

⑥ 紧急时收容

⑦ 突发事件的应对

⑧ 临终照料

2.3 特定机构入住者生活护理（收费老人之家）

针对入住在被机构指定的收费老人之家、低收费老人之家等的护理需求者，按照特定机构服务计划在这些机构进行洗浴、排泄、餐饮等护理、生活等方面的咨询、建议等日常生活上的照料、安排机能训练、给予疗养上的照顾。

2.4 出借福利用具

针对在家护理需求者进行福利用具的出借等。

福利用具的使用目的：

① 促进自立

② 减轻护理负担

出借项目：

① 轮椅
② 轮椅附件
③ 特殊床铺
④ 特殊床铺附件
⑤ 防褥疮工具
⑥ 体位转换器
⑦ 扶手
⑧ 斜坡板
⑨ 步行器
⑩ 步行拐杖
⑪ 认知症老人徘徊感应器
⑫ 移动用升降机
⑬ 自动排泄处理装置

2.5 出售特定福利用具

出售福利用具中专门用于洗浴和排泄的福利用具及其他由厚生劳动大臣规定的福利用具。

虽然特定福利用具的目的与出借的福利用具相同，但由于出售（购买）对象用具与排泄和洗浴等相关，因此不参与出借业务。

① 腰挂式坐便器
② 自动排泄处理装置的可更换部分
③ 需用辅助用具
④ 简易浴池
⑤ 移动用升降机的吊具部分

2.6 居家护理住宅整修费（住宅改造）

住宅整修业务的目的是让护理需求者能够继续安全而健康地在家生活，确保或改善符合其身体状况的生活环境，对扶手的安装及其他由厚生劳动大臣规定的项目的住宅整修费进行支付。

具体内容如下：

① 促进生活动作的自立能力
② 减轻护理负担
③ 参与到区域社会中
④ 减轻护理费用等

住宅整修对象如下：

① 扶手的安装
② 去除高差
③ 为了防滑或保证移动顺利而更换地板和通行路面的材料
④ 将门更换为推拉门等
⑤ 将便器更换为坐式便器
⑥ 变更便器的位置和方向
⑦ ①～⑥项住宅整修所附带的必要住宅整修（如：为了安装扶手而增强墙壁的基底、因

消除浴室高差和便器安装而产生的排水设备工程）等

❸ 护理人员和治疗者的分类及其职责

为了解决需要护理的老年人的多种生活课题，必须了解他们所有活动。因此，医疗、护理等多部门联手，在发挥各自的专业性的视点上，进行信息收集和课题分析，共享援助的目标和方针，有效利用各部门的特性，互补的同时进行综合性援助。在必要情况下提供适当且有效的援助时，这种"多部门联手"是必不可少的，但前提是要求人们理解各部门固有的专业性。

3.1 【护理人员】

（1）护理员

护理员的工作场所为护理需求者入住的机构、医院的老年人专用的病床前、残疾人机构、福利机构及基于介护保险法的机构或事务所等。

护理员是日本名称独有的国家承认的资格，于 1987 年规定的护理专业人员。法律上的定义是"具备专业知识及技术，针对身体上或精神上的障碍导致日常生活存在障碍的人，根据其身心状况进行护理的人，及以对障碍者及其护理者进行身体机能护理相关的指导为职业的人"。

（2）社 工

社工和护理员一样是名称独有的国家承认的资格，于 1987 年规定的商谈援助专业人员。法律上的定义是"具备专业知识及技术，针对身体上或精神上的障碍导致日常生活存在障碍的人，根据其身心状况进行护理的人，及以对障碍者及其护理者进行生活护理相关的指导为职业的人"。

社工是对人进行援助的专业人员，因工作单位的不同职业名称也不同。在福利机构（含涉及介护保险法的机构）称为生活咨询员或援助员，在公共机构（福利事务所）称为社会工作者、在医疗机构的职称为医学社会工作者，在地域综合援助中心称为社会义工。

3.2 【治疗者】

因老年人护理与护理人员一起合作的治疗者等专业人员如下。

（1）物理治疗师

根据理学疗法士及作业疗法士法取得国家资格指导康复训练的专业人员。

作为诊疗的辅助手段，主要针对老年人和残疾人等，以恢复或维持其站立、坐下、步行等基本生活动作和自我照顾等的能力、预防恶化为目的等，进行身体的活动和借助机械的运动疗法或物理疗法，实现其自立的日常生活。工作场所为医院、诊疗所、护理老年人保健机构、康复训练机构等。

（2）作业疗法士

根据理学疗法士及作业疗法士法取得国家资格与理学疗法士联合指导康复训练的专业人员。

作为诊疗的辅助手段，不仅针对老年人、残疾人，还包含智障者、发育失常者、精神障碍者等，帮助其进行日常生活上的自我照顾和各种行为或有关活动的动作，进行恢复与改善其能力的作业疗法。具体来说，主要通过手工艺、园艺、烹调等作业活动进行治疗、指导及援助。工作场所为医院、诊疗所、护理老年人保健机构、康复训练机构等。

（3）言语治疗专家

言语治疗专家为 1997 年规定的国家资格。

法律上的定义是针对语音功能、语言功能、吞咽功能或听觉上有障碍的人，以提高其机能为目的进行语言训练及其他训练、必要检查及建议、指导，及其他以进行援助为职业的人。

工作场所为医院、诊疗所、康复训练机构等。

作为与理学疗法士、作业疗法士、言语治疗专家的专业人员进行老年人护理相关的场景来说，除了依存于《介护保险法》的机构（特别养护老人之家、老年人保健机构、收费老人之家、团体之家）外，还有前往居家生活的老年人住宅的居家护理及日托康复训练。

关于介护保险，在除了护理型老年人保健机构外的其他机构，虽然理学疗法士等专业人员未达到机构设置标准上的应配置人数，但在需要多种护理服务的需护理老年人的生活现场，因为要求结合每个人的情况防止其生活机能下降并维持、改善或提高其残余机能以对自立援助和日常生活的充实有所帮助，所以很多时候是以非专职等雇佣形式引进专业人员。

在理学疗法的援助方面，有以躺起、步行等器具动作、移动为主的自我照顾相关的身体机能的维持与改善，个人及集体的康复训练，使用体操程序提高与增强体力耐久力，保持生活场景的姿势，选择相符的轮椅、步行辅助工具等福利用具等。

在作业疗法的援助方面，有日常生活中的排泄、更衣等各种行为，以及对活动的具体指导等，同时日间活动有安排发展兴趣爱好、轻度运动等项目。

在言语听觉的援助方面，对老年人具有的"高龄重听＝听得见"进行应对，以及在进食时对"吞咽与摄食"进行干预与应对，除了由护理员和护士执行外，观察姿势的理学疗法士和营养师们也会一起执行。

3.3 【其他】

（1）医　生

是指在老年人护理上不可缺少的专业人员，具有担负老年人的生命、健康管理，疾病治疗等的重要职责，具备医学、医疗法规定的行医业务专有、名称专有资格。只有医生能够执行诊断、注射、手术、检查、开药等医疗行为，其他人不能进行诊断与治疗。但是，由于仅依靠医生不能完成关于诊断的所有事项，因此具备医疗相关国家资格的人员可在医生的指导监督下执行部分业务。

（2）护　士

是指获得厚生大臣的批准，以对伤病者或产褥期妇女进行疗养上的照顾或完成诊疗辅助为职业的人员。大多是在医院或诊疗所从事住院护士或门诊护士的工作，但因为伴随着老年人护理的增加，护理需求从医疗机构内扩展至地区，就业场所不仅限于医疗机构及保健机构，还扩大到上门看护现场及福利机构等。对于老年人护理来说，在介护保险"特别养护老人机构"是与护理员同样必需的职业，担负着入住后"疗养上的照顾和诊疗辅助"的职责。此外，也从事向地区生活的需要护理的老年人提供"上门看护服务"，负责日托护理业务和上门洗浴业务等服务对象的健康与疾病管理等工作。

（3）营养师、国家注册营养师

是指根据营养师法，获得都道府县知事的批准，使用营养师的名称从事营养指导工作的人员。作为食物营养的专业人员，根据需求者的生活环境与身体状况做成食谱并进行营养指导以帮助其享受更健康的饮食生活。

国家注册营养师为名称独有的国家承认的资格，使用国家注册营养师的名称，主要工作是对入院患者或在家疗养者给予必要的营养指导、进行专业知识和技术下的营养指导以保持与增进其健康，及结合机构等特定多数服务对象的身体状况、营养状态、特定情况进行饮食配比管理等。

工作场所除了医院、学校、保健所、保健中心等外，还有特别养护老人之家等福利机构。

（4）药剂师

基于药剂师法的名称独有、业务独有的国家承认的资格，非药剂师不得使用药剂师或容易与之混淆的名称（医生或牙科医生或兽医自行配药时除外），原则上药剂师以外的人员不得以销售或授予为目的配药。药剂师的工作是在医疗机构或药房处理配药业务，在制药公司进行医药品的研究开发、生产、流通与销售，在行政机关处理审批、许可、监察指导、试验监察等事务。

在老年人护理的现场，在医疗机构的治疗下，担任部分服药管理的工作。而且，在介护保险制度下的居家老年人"居家疗养管理指导"上，也以上门形式进行疗养管理与指导。此外，虽然药剂师不是介护保险机构特别养护老人之家的必需配置，但是作为在入住者疗养生活方面有帮助的职业，他们以间接委托等协作的形式发挥了作用。

主编点评

本章的主笔者是"日本一般财团法人高龄者住宅财团"落合明美＆"社会福祉法人 IKI IKI 福祉会"成田堇两位老师，重点介绍了日本养老机构及护理服务的种类和特点，以及相应护理人员和治疗者的分类及其职责。

可以看到，日本的每一种类养老机构都具有法律依据，并有明确的定义，针对特定人群、经营主体的规定，以及规模面积限定、功能配置、服务内容、设施设备和人员要求。从老年人居住的地域、家庭情况、身体状况、经济来源及收入，到可能的不同阶段的各种需求，尽可能做到服务的全方位、全覆盖、全监管，使得每位老人都可以根据自己的情况自主选择不同的机构，或者享受居家服务。

当然这些并非一蹴而就，随着日本老龄化率逐渐加剧，半个多世纪以来日本的养老机构及服务也是不断变化逐步完善的。引用我的导师日本名古屋大学谷口元教授的总结，最初的福利设施是宗教设施的再利用，他们使用教会、修道院等宗教设施收留贫民、老人、痴呆、孤儿、身心有疾病的人群等遇到困难、需要帮助的人们，并给予他们最大的支援。日本初期的养老机构作为收容设施体现出监视装置 panopticon 的思想，为了高效的设施运营和建筑规划，采用集体统一对待和各种生活限制，很多的服务功能是以"管理"为核心的。2000年以后才逐步形成"以服务对象为核心"的养老体系，比如为居家养老提供援助而实现的访问兼日间照料设施，并从住宅设计方式探索，提高居住水平的对策；小规模居住环境的普及、组团之家、单元护理，以及提高护理水平的对策；小规模多功能设施的开展。

本人 1992 年赴日留学并开始访问养老院进行研究的时候，日本大多数养老机构的中心都设有护理站，为便于管理，房间门上装有玻璃窗并上锁，房间前面是一个大厅，入住的老人除睡眠时间外全天都被要求在厅里。同时，就寝、关灯、起床、洗漱等所有行为都在统一的时间进行，每天有制定好的活动计划，无论是游戏或休息等，都是所有人在一起的集体生活（一日三餐也是在大餐厅中集合一起用餐），与目前中国的很多养老机构类似（**图 3-7**）。

图 3-7 日本 20 世纪八九十年代多床房的样子

在这种集体运营管理之下，即使没有食欲，也必须按时按点吃完规定的份饭。一周有几次规定的洗澡时间，澡盆又深又大，有些足够让老人的身体在巨大的澡盆中漂浮起来。本人看到过老年人被机械装置运到澡盆边，在澡盆内流水线洗澡的场景。即使是最终卧床不起，已经无法正常进食和排泄的老人，养老院也会给他们穿上尿不湿，同时为了延续生命，在喉咙处插入管子输营养液。大房间里并排摆着很多床，由于躺着不动，最终因营养过剩而变得肥胖的老年人横卧在一张张床上。这就是当时的日本部分养老院的情况。

那时，四人间的大卧室是养老机构的主流形式，这是为能高效地照顾更多需要护理的老年人而不得不采取的"集体护理"的方式。而随后为了保证入住者有尊严的生活，尊重每个人的个性和生活节奏，日本于 2003 年创设了以单人间 / 单元护理为原则的"新型特别养护老人之家"，采取"个性化护理"的方式，打造单人间为主流的卧室模式，以小规模区域为主流生活范围的养老机构。相比较之下，现在日本的养老机构和服务更加人性化、个性化。

现今中国的养老机构及服务很多与日本 20 世纪末的状态非常相似，但是，中国在高速发展，特别是近 10 年养老行业整体的理念、设计以及运营水准提升很快。北京赛阳国际在行业内倡导并践行的"去四化"（即：去医院化、去宾馆化、去军事化、去机构化）普遍被大多数养老机构设计和运营团队认可和接受，结合国际前沿理念创建的 FPS（家庭化、以人为中心、自立支援）养老机构设计建造 & 尊老化运营体系也逐步在推广。可以预见，今后中国养老建设及服务体系会日臻成熟，会跨越日本曾经走过的一些弯路，出现很多符合中国下一代老年人需求和品位的新型养老机构。

另一方面，日本学习了西欧各国的先进经验，不断地充实养老金和保险制度，但随之而来的社会负担也会越来越庞大。在目前少子化、经济实力不足的情况下，不排除发生资金方面的问题。目前，日本正在积极研究接下来的改进策略。在中国，今后必须考虑以"共助"及"互助"为前提的养老社会环境、居住区域环境的建设，而不能仅仅依靠养老金和保险。另外，大力提升"预防医学"和"康复医学"在养老体系中的作用，以减少医疗成本和医疗资源的负担，增加高龄时仍可维持并增进身心健康、能够实现"自助"，甚至是"自立"生活方式的老年人的人口数量，这是非常必要的。最重要的是，规划更多的可实现"多代混住"的"全龄段老年友好社区"，减少只有老年人的居住区，以此构建"可持续发展的循环型"社会，努力实现良性的由"公助→共助→互助→自助→自立"层级递进，实现世卫组织提倡的"积极老龄化"社会，延长老年人的健康活力期，提升生活质量，同时也将大幅度减少社会福利保障体系的负担。这是当今中国需要借鉴日本的成功经验打造"中国特色养老体系"的关键。

第4章　养老设施的设计原则及设计要点

1 养老设施设计七大原则

1.1 以长者为中心的设计原则（user-centered design principle）

"让长者在身体安全健康的基础上，感受内心的快乐、自主、有自尊、被尊重、有成就感……"，养老设施一切与设计相关的平面布局、动线、选材、色彩、照明、声音、气味……都要紧密围绕此核心展开。

运营管理亦须重视一线护理人员，使护理员感受到家庭般的友爱，并将友爱传导给长者。所以设计中也要充分考虑工作人员必要的工作空间和休息空间、生活空间。

以长者为中心的设计原则要求在设计前阶段深入研究每个个案最终用户的具体特征和基本需要，这种全面和相对客观的理解可以作为启动总体规划和建筑设计的依据，而不是通常对这个问题的模糊假设。特别是在建筑设计与养老设施运营结合方面，入住长者及照顾者是主要的最终使用者群组，用以评估在特意建造的环境中，设计对改善生活和提高工作效率的成效。

以长者为中心的养老设施设计内涵具体可以描述如下：

①　整体设计意义必须强调心理和身体的支持，通过各种手段来验证和延伸每位入住者在日常生活中的自主性、独立性和私密性。如果成本平衡，单人间和双人间比三人或三人以上合住的大房间更好。

②　整体设计方法必须注重环境积极干预（即：预防、支持和刺激），以维持和提高入住长者的肌体剩余能力和内心情绪调节，而不是依赖在日常生活活动中的医疗和援助。设计中需布局相应的公共空间和半公共空间以支持积极干预。

③　设计理念必须作为一个终极目标来实现，并作为一个主要的参考指南来控制设计过程中每个环节的选择。在每个特定的案例中，我们希望向最终用户传达什么样的空间体验和氛围？一个舒适的家，一个市民活动中心，一个社交场所，或者两者的任意组合——在养老设施里他们可以用一种积极的方式生活、工作、学习、娱乐和放松。

④　功能和美学设计必须适应老年人的生活传统和文化背景及水平，而设计选择必须在生活舒适和感官刺激之间寻求更好的平衡——通过结合熟悉的元素和创新的组成——在精神、身体和社会层面实现功能和美学的结合。

⑤　设计时必须尽可能避免使用与心理无关的，或可能唤起冷漠、排斥和孤立的元素（如：颜色、材质、布局、设备、器具、光线、声音、气味等方面）。而是需要想尽办法运用各种手段和途径来创造一个温馨、温暖、有自尊、被尊重、快乐舒适的居住环境。

⑥ 在集体生活方式占主导地位的机构护理设施中，自主生活和个人隐私成为更需要解决的敏感问题。因此，公共空间和私人空间的比例和过渡需要谨慎设置，既要鼓励多参与公共活动，又要保留个人私密空间以避免意外的干扰（**图 4-1**）。

⑦ 如果设计中将设施设置为单元型小规模组团，当发生传染病疫情或其他突发灾害（如：火灾）发生时，可以形成有效的隔断。除了公共楼电梯之外，最好能为每个组团设置独立的楼电梯。

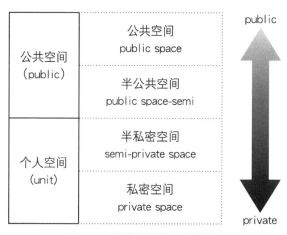

图 4-1　公共空间与个人空间

1.2　社区融合规划设计原则（community-based planning and design principle）

从一个相对独立的家庭生活环境转移到一个全新的养老环境，往往给老年人带来难以找到个人身份和社会参与的困难。而一个拥有丰富的休闲活动、多代人接触、公共空间和周到服务的生活环境总是具有优势，可以避免社会隔离可能带来的负面影响，以及被排斥在外的不良感受。因此，与社区融合的长者生活及养护设施，在维持长者正常生活的社会融合及身体联系，以及协助他们适应新的生活及养护设施的建筑环境方面，将发挥不可替代的作用。

当长者使用现有的公共空间和资源，并以尽可能低的成本享用附近可选择的照顾方式和设施时，便可达到互惠互利的局面。反过来，养老机构的一些公共部分，如多功能厅、健康疗愈厅、康复训练、自助餐厅等，也可与周边社区的居民共享（**图 4-2**）。

以社区为基础的养老设施的规划及设计可描述如下：

① 位于同一居住区内或附近，交通便捷，日常生活服务完善。

② 在日间活动（如：医疗、康复、文化、娱乐等）设施中实施对非入住老年人开放的功能和服务。

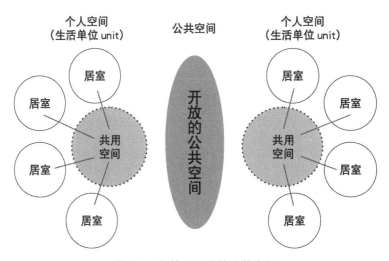

图 4-2　向社区开放的公共空间

③　可以与周围社区的所有人共享的公共空间应设置在较低的楼层，使人们能够看见并易于到达，并尽量减少楼梯、电梯和出入口的障碍物，采用无障碍设计或包容性设计。

④　方便和无障碍地引导居民进入社区共享的公共空间和服务。仅社区共享的公共空间是开放的，且设有独立出入口。注意开放区域与私密区域的巧妙隔离。

⑤　内部交通流线简洁，与公共交通网络流畅衔接。

⑥　无论在何种情况下，新项目建成后，都必须在质量和数量上有所改善，使得养老机构不仅仅是一家机构，而是可以辐射周边的一个服务体系的核心。

1.3　工作效率原则（working efficiency principle）

随着老龄化加速发展，劳动力资源的短缺和资金问题将成为一个巨大的挑战。虽然循证专业培训被认为可以提高护理人员的个人和集体工作能力以及工作效率，但是合理设计的养老设施物理环境才能使护理人员为老年人提供高质量、专业、有效的护理服务。此外，养老机构的物理环境也是护理人员情绪测试的场所，因此，通过建筑设计为护理人员提供心理和生理两方面的工作压力缓解，是设计时必须考虑的问题。

依赖程度高的情况下，24 小时护理是强制性的，辅助产品或其他助行器具是司空见惯的——尽管人力资源的可用性可能因具体情况而异——由一个核心技术护理小组领导的以人为本的护理模式（包括精神治疗师、物理治疗师、营养师、护士和社会工作者等）将被强烈推荐为从长远角度协调物理环境的有效照护模式。

相应地，养老设施能够支持高工作效率的设计可以描述如下：

①　中型（50 ～ 200 张床位）和小型（50 张床位）规模为宜，而较大型的机构应该分为

不超过 30 张床位的小型护理单元（认知症照护专区 10 床以内为宜），以保证个人有效护理，并能够正确地向每一位入住老年人提供更加精准的精细化照护。

② 每个护理单元的布局必须特别设计，以优化最短路径系统，方便且无障碍地到达所有的点，足够的容量、平滑的垂直连接（如：坡道、电梯）和水平（如：走廊、开口）的通行。

③ 在护理站附近为护理单元内所有长者设置共用起居或用餐空间，以减少不必要或不定期的员工探访个别房间；对老年人来说，大多时间处于看护人员的看护下以避免事故的发生是非常有益的，同时也可以提高他们之间的社交互动乐趣。

④ 小型的长者照护设施，必须提供至少一个独立和舒适的空间，让照顾者有一个休息时间；在较大的机构，建议提供一个多功能的空间，有足够的能力让全体人员集合在一起用餐、训练、放松和举行其他集体活动。

⑤ 一个对长者有吸引力的居住环境，对工作人员来说，也是一个有吸引力的工作环境。就独立居住的服务式公寓而言，简洁和无障碍的动线同样重要，必须提供和妥善协调紧急情况发生时快速对应通道。

1.4 包容性设计原则（inclusive design principle）

包容性设计（inclusive design）与无障碍设计（barrier-free design）、通用设计（universal design）、全民设计（design for all）、可及性设计（accessible design），有相似之处，但各自的角度略有不同。

包容性设计也是一种基于为所有人设计的理念，无论他们的年龄、能力或生活状态如何都便于使用，并且在技术上追求设计产品的可用性、可访问性和可负担性的集成。

在养老设施的设计中应用包容性设计原则，可大大提高使用养老设施的成本效益，并可创造一个从建筑物到城市的适合老年人居住的友好环境。

养老设施的包容性设计可描述如下：

① 减少所有可能妨碍身体或认知脆弱和残疾的老年人轻松和安全地横向和纵向活动的物理障碍（如：门槛、台阶、狭窄的门洞等）。

② 消除所有认知障碍的内部和外部空间定位，无论是一个容易感知和可理解的标识系统（平面设计——字体、大小、颜色、字母和图标的布局、材料、纹理和颜色的背景基底）还是空间和物理属性（材料、颜色、纹理、光线和照明、景观构成等）。

③ 选择或生产符合人体工学的美观、使用方便、轻便、易于移动和清洁的家具（如：床、桌子、椅子、橱柜等）、固定装置（如：坡道、栏杆、残疾人浴室等）和建筑五金配件（如：门和家具把手、锁、水龙头等）。

④ 辅助技术（信息及通信技术）的应用亦属包容性设计范畴，例如 VR（虚拟现实）、AR（增强现实）、AI（人工智能）技术，这些技术通过互联网 / 物联网装置实现，用于日常沟通、学习、娱乐、专业训练以及修复和康复治疗。

1.5 去机构化的设计原则（non-institutional design principle）

养老设施被规划为一系列支持性的生活环境（包括特别养护老人之家、收费老人之家、关怀屋等），为长者提供不同的专业照顾和服务，让他们在因疾病或社会问题而无法独立生活的情况下，继续并优化正常生活；因此，构建像家一样的、自由自在的生活场景非常重要。设计的目标应该是通过一切可能的方式，为安全、心理舒适、健康和精神成长做出贡献。建筑设计中所有的感官、形式、表现力、技术元素及其构成都必须自觉地指向这一目标。

具体而言，一个适合的养老设施居住环境可以描述如下：

① 在一个安全舒适的环境中，必须尽可能和适当地确保与大自然的亲密接触。提供可达的园景庭院、花园、天台等，供长者作休憩、运动、游戏、园艺，与感官治疗植物及传统象征动物（如鱼、鸟等）互动之用。

② 在布局上考虑使用传统的院落系统，必须仔细计算日照间距，保证院落空间全年适合老年人户外活动。

③ 可大量使用室内和室外的水景作为治疗性感官刺激，但安全是前提条件。

④ 在位置、形状和不同的透明度效果方面，大量使用大面积的窗户和玻璃门，以增强与自然有趣的视觉接触，形成美丽的景色，并确保庭院或花园在视觉上融入室内空间。同样，保证安全是前提条件。

⑤ 在公共空间使用家庭化的装修材料和设计手法，家具、固定装置和五金配件（墙壁、顶棚和地板的材料和颜色、照明装置和效果、浴室配件、储藏室等）、生活、饮食、文娱活动、治疗室及专为长者而设的私人房间都保持家庭的温馨感，像是家的延续。

⑥ 如果有条件，可以设计面向室外的开敞空间与阳光暖廊或防风雨的阳台，可以根据天气情况开敞或闭合，用于夏天的通风以及冬季的保暖。建议该空间可支持外部社会组织机构的活动，同时避免过热或过冷的天气对身体的影响。

1.6 可持续设计原则（sustainable design principle）

可持续建筑提供人们一个舒适的生活、工作和娱乐环境，同时减少集体环境影响方面的能源消耗和污染排放，建筑组件的生产期间、施工过程中以及建筑的全生命周期（加热和冷却系统、用电、维护清洁、设备等），特别是作为社会福利计划的一部分，养老设施的可持续设计不仅涉及环境可持续性的技术措施的应用，还包括经济和社会可持续性的所有可能的解决方案。因此，良好的养老设施设计需要在可持续发展各个维度之间进行综合平衡，从而产生一个积极的、具有成本效益的可持续建筑。

养老设施的可持续设计可描述如下：

①　在场地的布局、建筑朝向、入口位置、交通安排以及室内外材料的使用上，采用环境和文化认可的原则。

②　根据预算和投资回报考虑，采用允许的绿色建筑技术，例如：太阳能和光伏板、水循环利用、地热能源以及当地存在的任何优势（温泉、当地建材等），在能源供应和消耗控制、机械设备和电器等方面应用自动化技术等主动节能技术。但是，必须注意避免任何应用成本高或将显著增加建设成本的生态技术。

③　建筑必须引入充足的自然光和新风通风、遮阳、保温、气密性等被动节能设计，既要作为被动式节能措施，又要考虑老年人身心健康和舒适的具体需要。注意：由机械系统控制的恒温恒湿的封闭环境既没有必要，也不适宜居住，因为居住在这种环境中的老年人的身体会因他们对天气和季节变化的自我适应的生理功能的减弱而变得更加脆弱。

④　在景观设计中建立雨水收集和再利用系统（即结合透水路面、屋顶集水、水景和园林集水）。

⑤　充分利用立面的被动式节能设计，如：朝向阳光、双层或三层窗户或幕墙、各种类型的百叶窗或阴影、悬臂构件、使用树木和植被的阴影区域。

⑥　植物温室的设计必须考虑建筑周围环境和外立面等，它缓冲了内外空间之间的温差，提供了巨大能量，节约了成本，维护了一个生态、舒适的空间，使养老设施可以很容易地适应气候变化。

⑦　在选择材料的时候，要考虑到整个制造、运输、建造和回收的过程。根据每个项目的具体情况，优先采用当地可用的建筑材料和技术，并尽可能使用预制建筑技术（如：装配式建筑、整体卫浴等），以降低施工成本，增加环境友好价值。

1.7 设计中还必须遵循三个前置，即"运营前置、成本前置、风控前置"（operations as the core, cost as the core, risk control front）

以提高使用者（包括长者和员工）"安全、舒适、方便、自在"的四个维度功能为核心，以追求最佳身心照护品质（optimal physical and mental care quality）为终极目标，在运营前置的同时，兼顾成本前置和风控前置，并据此建立项目的运营模型，并以运营模型为核心进行设计。一切脱离运营模型的设计方案都有可能造成未来经营时的高成本或高风险。

①　运营前置

运营前置的设计原则包括基于最优经营策略和用户动线的全方位功能规划，以运营需求"安全、舒适、方便、自在、快乐"为根本的细节设计，以前沿科技提升用户体验，以科技降低运营成本的智慧系统设计。

② 成本前置

成本前置的设计包括三个方面的内容：①建安成本（在满足规范要求的前提下，通过精心设计降低项目建安成本）、②运营成本（以日夜兼顾的客流和可变的潮汐式海绵空间设计实现降低运营成本），以及③营销成本（以特色、科技、前沿理念打造项目的核心吸引力，实现较低的营销成本）。

③ 风控前置

风险控制前置则要求在设计时充分考虑到①建造风险（以科学的设计、合理的选材规避项目的建造和施工风险）、②运营风险（以运营为核心的最佳功能布局和适老化设计规避未来的运营风险），以及③未来的经营管理风险（以优秀的规划、合规的设计、尊老化的细节设计规避潜在的经营管理风险）。

设计原则体现出的内容很多，而且涉及诸多细节，在此就不一一展开了，具体设计时需遵照这些原则逐一去实现。

2 养老机构的设计要点

在感受"居有所乐"的同时，度过属于自己的生活。结合每位入住长者的实际状况，努力维护他们的尊严，在家庭般的氛围中精心提供个性化护理。激发入住长者的肌体残余能力，并提供足够大的空间以便工作人员实施护理，使这种肌体残余能力能够得到最大限度的发挥。这些都是在进行养老机构设计时需要关注的要点。

另外，调动五种感官（视觉、味觉、触觉、听觉、嗅觉），注重感官享受，与家人和社区居民齐心协力，同时作为社区居民的一员，创造一个以持续生活为目标的开放的社区空间也是至关重要的。

下面立足于上述观点介绍一下养老机构的设计要点。

2.1 在对建筑物进行配置规划、平面规划时应考虑到外部光线投射、空间通风、庭院、露台及入口等开放的空间创造

对养老机构来说，一个能让入住者觉得具有开放感且可以轻松度过每一天的空间至关重要。例如，在多处设置庭院和露台，并营造一个方便前往室外设施的环境，可使人们更容易保持一个健康快乐的状态。庭院和露台也可以用来观赏夜晚点亮的圣诞树或夜晚观赏樱花等（图4-3）。

与社区融为一体的开放型入口和外部构造也可以很好地看到社区居民往来的身影，也可将

社区居民招呼进庭院及入口等开放空间，和他们一起参加娱乐活动，营造一种富有活力的生活氛围（**图 4-4、图 4-5**）。

另外，可将庭院设计成便于工作人员一目了然的平面。这种无论从哪个角度都可以确保照看到机构内各个角落的设计布局也是很重要的。

图 4-3　开放的庭院

图 4-4　从外面可以看到里面情况的开放式日托服务

图 4-5　外观是机构的象征

2.2　居室外也打造一个供自己使用的角落空间

在养老机构中大餐厅一般仅设有一个（我们提倡在有条件时设计两个以上的餐厅——编者注），很多人会在此进餐，因此在娱乐兴趣室、功能训练室等处及各走廊大厅等处设置了谈话角等，打造一个供入住者使用的空间。

近年，积极接收需要较高程度护理的老年人和老年认知症患者的机构有所增加。餐厅也不再仅设置一个，需要考虑在大餐厅之外为需要较高程度护理的老年人就近再规划设置一个餐厅。还需考虑为行动不便者就近规划设置一个浴室及操作台。

工作人员行动方便，操作轻松，打造这样一个令入住者心情舒畅的活动空间至关重要。职员的笑容增多，机构气氛明快，入住者也会心情愉悦，笑容不断（**图 4-6**）。

有必要考虑为有更高需求护理的老年人的居室周边配备餐厅等

图 4-6　养老机构内部场景示意图

2.3　设置至少两个餐厅

许多陌生人聚集在一起生活时，人际关系会纠缠不清，甚至有可能不想碰面。此时，餐厅就是一个逃避之所。另外，如果餐厅比较狭小，也会形成自己决定的"固定位置"。有时入住者刚刚无意间坐到别人的座位上，就会被拉进一个派系，与其他人的关系变得疏远，从而人际关系就会变得很糟糕。

如果有两个以上的餐厅，就会减少与自己关系不融洽者的碰面机会。虽然很多情况下存在设计条件的限制，但还是希望尽量设置两个以上的餐厅。在较大的餐厅空间，尽量设计一些相对独立的软性分区，如果无法确保充足的空间，希望考虑可通过巧妙划分时间段等方式，以确保当人际关系不融洽时有躲避之处。

设置两个以上餐厅还有其他理由。自己能够正常用餐的人如果与需要进餐护理的人一起进餐，总会莫名地感到精神低落。而对于那些需要进餐护理的人来说，有时也不希望让别人看到。如果有两个以上的餐厅，就可将需要进餐护理的人与不需要进餐护理的人的餐区分别开。

曾有人这样抱怨道："结束住院治疗，出院后刚返回机构时，进餐时就有好多人主动前来向我慰问，以至于不能轻松进餐，真是讨厌，要是能在其他地方进餐该多好啊。"

设置多个餐厅，将正式形象和休闲形象、酒馆和咖啡馆等进行分类设计，突出不同即可。进餐原本就是一种个人的、隐私性的行为，也并不是每天都想与大家吵吵嚷嚷地一起吃饭，有时偶尔也会想安静地进餐（**图** 4-7）。

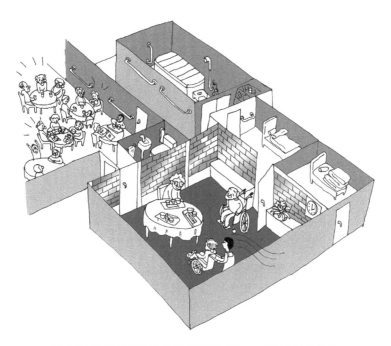

正式的餐厅以外还配备休闲放松的区域，一成不变是不行的

图 4-7　多种形式的餐厅示意图

2.4　对老年人的关怀——"用水"区域

要让入住者舒适地生活，对用水区域的考虑非常重要，会直接影响到护理效果。

关于卫生间的位置，如果三居室设置一个共用轮椅无障碍卫生间，则机构的工作人员会很容易发现脏污，并能及时清洁（**图** 4-8）。另外，普通单人间内设置卫生间的方案，可考虑以下几点：

① 可从建筑设计上想办法，把老人的床设置在靠近卫生间的旁边。

② 设置有助于延长卫生间使用时间的活动式卫生间墙壁。因活动式墙壁，可以拉近老人的床到卫生间的距离。

③ 在老人居室内设置洗手盆。护理人员也会喜欢，因为也便于护理员使用。在进门入口的门厅位置设洗手盆，每次从外面回来时可以很方便地洗手也是一种贴心的设置。

④ 注意：请务必设计有热水。

如果在三居室中配备一个共用轮椅无障碍卫生间，则工作人员会很容易发现脏污便于及时处理

图 4-8　卫生间示意图

2.5　修缮及改造的检查要点

对养老设施进行修缮或改造时，规划、设计时务必请专家进行结构检查（**图 4-9**）。特别是在诉讼案较多的地区尤为必要。

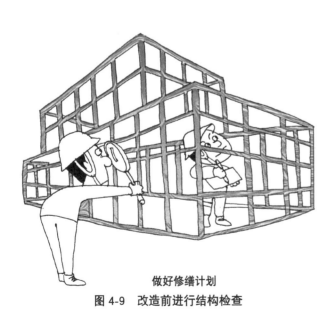

做好修缮计划

图 4-9　改造前进行结构检查

无法拆除的原有柱子自不必说，有的墙壁能够拆除，有的则不能拆除。另外，整修各室的用水时，确保从各楼层到水管孔等的竖孔规划至关重要，不得随意在地板上开孔。否则，会切断地板、墙面等处的钢筋等，使建筑物失去抗震性。当改造主体为钢筋混凝土结构时，也应避免让空调的管道孔穿过横梁。

虽然电梯等设备是外部安装施工，但当建筑结构形式为钢结构时，可穿过地板或墙壁等进行规划，这样方便整修。

2.6 注重设计、方案、管理的三要素

对机构进行规划设计时，请从"设计、方案、管理"三个要素进行检查（**图** 4-10）。

设计是指"如何建造"，方案是指"在这里干什么、这里会发生什么、如何使用"，管理是指"成本、风险、利润（利益）如何"，并对此进行验证。

设计、建造机构内布局时，除考虑设计外，还要考虑在此做什么等内容的方案，在此基础上对于经营者来说有哪些风险，有哪些利润，从成本的角度进行验证。必须彻底落实以上内容。

例如，设置一个扶手，要考虑如何使用这个扶手，期望这个扶手起到怎样的效果，预计实施怎样的康复训练等，考虑这些因素是非常重要的。另外，还要从成本和安全的角度进行考虑，

图 4-10　设计、方案、管理三要素

设想紧急事故时的处理措施，并实施验证。在做过上述思考后选择真正适合的扶手设计。

而且，应站在"入住者""家人""工作人员"的不同立场，从上述三个要素进行检查。如此再次验证对机构布局设计的考虑是否周全。

彻底实施上述检查，就能向运营者（投资方）及入住者明确介绍设计理念。

2.7 符合入住者生活方式的设计

养老机构的布局设计符合入住者的生活方式，这一点非常重要。举一个极端的例子，某养老机构的运营法人是世界五星级宾馆及豪华度假型酒店，是一家位于城郊、用地广阔、拥有豪华外观的养老机构。装修很华丽，甚至有人将其形容为"建造于农田中央的凡尔赛宫殿"。但是，在实际招募入住者时，却怎么也召集不到入住者。

最初，该机构设定的目标入住者是以农户为主的当地居民，但是，机构的装修风格与目标入住者的生活方式并不相符。像路易十四曾经使用的豪华沙发，普通人反而用得不安心。

另外，在另一个养老机构内，在高高的顶棚上垂挂着铁制大型枝形吊灯的餐厅中，有时会看到老年人低头进餐的情景。用餐者留给人的印象是看起来比较渺小，生活得很拘谨。

是否将在养老机构内生活的心情与自己以往所属的社会和居住阶层联系起来显得尤为重要。例如，重视自己个人隐私的人，也许不怎么会踏入他人的生活。平时生活中比较喜欢热闹

的人，如果生活在那些安静忧虑的人周围，也许会感到心情不舒服。

总之，在设计、建造养老机构时，应考虑入住此处长者的生活方式，并以此选择建筑的外观和装修风格，以及居室的结构等，如果做不到这一点，入住者就不能舒适地生活。例如，东京下町的某个养老机构中设置了多个榻榻米的日式房间。这一设计充分考虑到该地区人们的生活习惯。

也有很多类似医院或文化馆一样的无生机、缺乏风趣的养老机构。在日本，很多机构要么过于华丽、要么很是缺乏生机，呈现两个极端。在美国的养老机构中，常常会看到有着女性明快装修风格的机构，甚至让人觉得是新婚夫妇的房间。后者十分注重即使上了年纪也要享受生活这一生活情趣，这样的机构让人感觉将入住长者的需求发挥到了极致。

以男性视角建造的机构中，养老机构内无论是入住者还是工作人员，女性通常占到 8 成。因此，希望意识到需要特别顾及女性使用者，比如：女性卫生间应该大于男性卫生间。

顾及女性的设计、装修风格及色彩运用，见图 4-11、图 4-12。

图 4-11　基于生活方式的装修风格　　图 4-12　顾及女性的平和明亮的色调

2.8 关注老年人的细节创造

老年人能否舒适地生活，取决于是否考虑得细致入微。

例如，设备等设置的高度是否考虑得周全，插座的位置是否过低等都很重要。对于老年人来说，弯腰插插座是一件苦差事。而对于护理员来说，插座的位置高一些也有助于有效地进行打扫等。

盥洗室的镜子高度大多是根据健康人的高度设置的，对于坐轮椅的人来说连头部都照不到的情况却出人意料得多。其中也有将镜子倾斜（角度）安装，确保可以从较低位置看得见的。然而，这的确会让人感觉这是为残疾人士准备的，对于那些把这里当成自己的家、想在此生活的人们来说，总会觉得不太舒服。所以，最好的方式应该是考虑把镜子设置在与水龙头相同的高度。

也要注意门的钥匙孔和观察孔的高度：坐在轮椅上的老年人够不到的钥匙孔、安装在驼背女性上方的观察窗。也许锁门或从房间里观察外面的情况不会很多，但如果入住者看到有的东西不能使用，也会感到不开心。可以设置上下两个观察孔兼顾各种情况的使用者。

另外，在有公共空间的个人信箱下面设置一个手提包放置台会非常方便。如果是年轻人，单手拿着手提包就能取出邮件，但有很多事情是老年人无法做到的。也有不少人不想把皮包放在地板上，因此只要将信箱下面稍微突起一点即可，设置一个让人放下皮包取信件的台子，会让人觉得很愉快也很方便。

普通卫生间两侧墙壁上设置有抓杆或扶手。在某些机构中，将从墙壁拉出来的扶手设置在了身体的前方，前方有能够支撑身体的扶手，入住者就不会向前摔倒，会觉得很放心。

考虑细致的示例不胜枚举。设计者和建设相关人员应仔细倾听现场护理人员和入住者的意见，这一点至关重要。通过实地访问，听取使用上的方便和不便之处，探寻现场所需的更加细致、周到、贴心的各种细节之处。

2.9 答案因机构不同而不同

有的机构在各楼层的装修中使用了不同的颜色，这是一种便于入住者和护理人员轻松分辨不同楼层的巧妙创意。然而，需要注意的是，患有认知症的人在使用这样的电梯时，可能会导致其产生恐慌。曾经听某位养老机构的运营者说过，有的认知症患者在颜色发生变化或景色突然变化时会觉得恐慌。乘坐电梯上下楼景色发生变化，也会让他们觉得有所不安。在这样的机构中，应利用楼梯引导认知症患者，而不是利用电梯引导。

哪种应对是正确的，哪种应对是错误的，并不重要。机构不同，使用者不同，所作的选择和答案也会有所差异，重要的是是否进行过反复思索、明确思想后进行设计，并选择了合适的设备。

例如，是否应该在房间内设置卫生间，当然，有卫生间的话还是好一些吧。但是，针对护理需求程度较高的入住者，也可能会选择不在房间里设置卫生间（图 4-13）。因为如果做不到仔细清扫，到早上满屋子都会有气味，入住者也有可能会在不知道的情况下摔倒在卫生间。这种情况下设置公共卫生间可以更方便地应对事故。

设置扶手也是一样，扶手有各种各样的使用方法，有人一边抓住走廊的扶手一边走路，有人将肘部放在扶手上使其滑行移动，有人坐在轮椅上不动，拉着扶手靠近身体后前行。入住者较多，情况各有不同，扶手的形状就会有所不同。在能够自理生活，健康者较多的养老机构中，会将扶手设置成稍微突出，类似于架子一样，有时设置成看起来不像扶手的外观会更好一些（隐形扶手——编者注），有利于减少心理和精神层面的异常感觉。

图 4-13 可以选择在房间里不设置卫生间

在预防来回走动发生事故方面也有各种措施。设计者和机构运营者应密切协商，思考哪些人会入住，应采取怎样的对策等。能否向入住者及其家人介绍"我们是出于这样的考虑进行设计的"至关重要。如果能让家人认可"原来能考虑到这种程度"，家人也就会放心把亲人委托给养老机构吧。

❸ 日间照料中心的设计要点

在日托服务中与人交往不仅可以减轻孤独感，还可以在集体之中恢复人的社会性，价值观相同的人们见面后可以相互交流彼此的心情，遇到与自己不相同的人也可以客观地审视自己，相互激励自己的行为，具有积极的援助效果。也有不少人是怀着和大家交流的目的前来使用服务的。在日托服务中，可以积极且有目的地通过工作人员运用援助技术组织的团体福利活动进行沟通，但工作人员除了要维系服务对象之间的关系外，还要完善促进交流的环境，以确保会获得自然发生的各种碰面机会，这一点非常重要。

3.1 与日托服务援助效果的关系

日托服务一般没有像居室那样的私人空间，但有卫生间、浴室、静养室、咨询室等使用时需保护个人隐私的空间。服务对象之中也有人需要顾及个人隐私的个人护理、排泄更换及更衣等，这种服务对象会希望在其他人看不到的地方接受私人护理或咨询援助，与同伴一起从事活动或交流时，希望能从被人护理的心理负担中解脱出来，怀着一种自由自在的心情进行活动。

通过可照顾到个人隐私，自尊心受到重视的护理，有时会使服务对象认识到自己内心的正能量，并使其恢复活力，设计时需要考虑到这一点。

3.2 日托服务细节关怀

应设法在卫生间和浴室里安装隔帘，避免暴露隐私；研究纸尿裤和更换衣物等存放物品的保管方法确保个人隐私；在休息室的角落里设置静养床铺，研究此种情况下的布局和屏风等，让服务对象能够放心地接受个别护理。

另外，在进行日托服务时，从日常的谈话中了解和掌握与咨询援助相关的信息非常重要，因此除了在隔开的咨询室，另外设置一些能够轻松避开别人眼光、可以倾吐自己烦恼和担忧的半公共空间至关重要（图 4-14）。

图 4-14　半公共空间的设置

3.3 具有较高象征性的建筑物外观、招牌、徽标等的设计

作为机构的外貌，可以将日托服务的外观、入口处等进行高象征性设计（**图** 4-15、**图** 4-16）。

图 4-15　象征性较高的设计

图 4-16　具有象征性的庭院／外观为日式旅馆的门前通道

3.4 从公共道路可以看到机构内部／具有亲和力的建筑设计

图 4-17　可以从露台向外眺望

与社区融为一体，为社区居民提供日托服务，为实现这一目标，力争打造成一所大家汇聚一堂的服务机构。可以在外部空间设置木质平台或绿植等，为建筑物增添休闲和温馨情调，还可以作为疗养空间。另外，还需要考虑可通过从马路上看到机构内部的情况的方法，向社区展示开放的建筑物配置等，使社区居民可以轻松来访（图 4-17）。丰富建筑物的外观，同时充实了来访者的内心。

3.5 激发五感的空间创造

考虑环境给人带来的影响，关注激发五种感官的空间创造。装修设计可以使空间看起来色彩明亮，在这里，可听到同伴们的声音，聆听生活之音，感受饭菜之香，探求外面的香气，与同伴们一同品尝美味，享受午后茶点，体验人生愉悦。

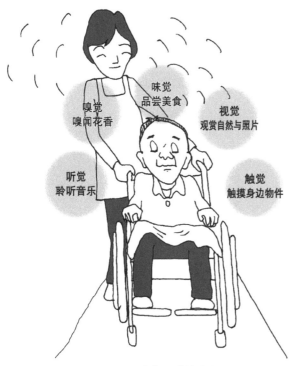

图 4-18　激发五感的空间

五种感官可给入住者以感官刺激，营造出意味悠长的空间和场地（图 4-18）。

视觉：可从房间和小物件的整体颜色入手，感受自己所爱，在能使自己心情平和的颜色氛围下生活。

听觉：将喜欢的音乐和小鸟的鸣叫等可使人放松的声音融入生活当中。

嗅觉：利用熏香或芳香油使房间里弥漫着香气，去除令人讨厌的臭味。

味觉：品尝富有营养、自己喜欢的饭菜。

触觉：将木制或布制等手感柔软的小物件放在身旁，随时能够触摸得到。

3.6 日托服务的卫生间位置

日托服务中的主要服务有饮食、康复训练、谈话、娱乐、洗浴。饮食、康复训练、谈话、娱乐大致是在带休息室的大厅内进行的，因此，必须在临近休息的位置分别设置男女卫生间（**图** 4-19）。另外，还需考虑设置连接浴室和更衣室的卫生间。特别是冬天寒冷时节，设置在就近的地方会非常方便。

日托服务房间的旁边就是卫生间

图 4-19　无障碍卫生间需就近设置

3.7 医疗、护理相结合的日托服务"疗养日托护理"

这是一种当天来回、可在提供医疗服务的专业机构中接受短时护理的服务。使用此种服务的主要是在家接受护理的老年人。

疗养日托服务也称为疗养型日托护理，可在机构和家庭之间提供接送，并提供餐饮、洗浴及康复训练等服务。

通过提供这种既可活动身体又可交友的社交场地，使服务对象振作精神，防止他们闭门不出，同时消除他们的孤独感，减轻精神压力，维持并提高精神面貌。

疗养型日托护理（疗养日托服务）为护理需求程度高的老年人及晚期癌症患者配置专属护士，实施必要的医疗处理和提供日常照料的疗养日托护理（**图 4-20**、**图 4-21**）。

图 4-20　先生为了安全地接送妻子，车里做了很多防护措施

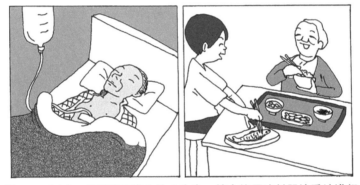

图 4-21（左）　从胃造瘘进食的 I 先生　护士使用注射器慎重地进行
　　　　（右）　可以自行进餐的 O 女士与护理人员一起用餐

⁴ 养老机构的外部和内部规划

4.1　养老机构的外部规划

①　供乘轮椅者使用的停车场

·将建筑物的出口和入口做相邻设计。

·设置至少可停放 1 台车的无障碍停车位。

·有公共建筑物等大规模停车场时，如可停台数在 200 台以下，则无障碍停车位应不低于 2%。

· 当可停放多于 200 台车辆时，则无障碍停车位数应为该台数的 1%再加 2 台。

· 停车位的宽度应大于 3.5m（**图 4-22**）。

· 轮椅升降空间应大于 1.4m。

· 确保通往建筑物出入口的安全通道。

· 在地面上用白线等标明升降空间。

通往建筑物出入口的安全通道

大于 3.5m

图 4-22　无障碍停车位

② **场地内通道**

· 坚持行人与车辆分离的原则。

· 坚持水平原则；必要的疏水坡度除外。

· 有效宽度应大于 120cm；考虑到轮椅使用者的便利性时，通道宽度应大于 180cm。

③ **倾斜路坡度**（**图 4-23**）

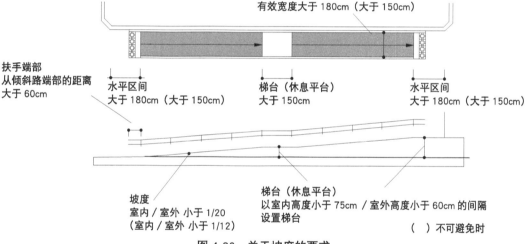

图 4-23　关于坡度的要求

· 坡度应低于 1/12。

· 外部坡度最好低于 1/15。

· 有效宽度应大于 120cm；考虑到使用轮椅，应大于 150cm；过宽时应在中间位置加设扶手。

· 应在起点、终点及 75cm 以内设置梯台；梯台（休息平台）的宽度应大于 150cm。

· 扶手应设置在离地面 75cm 的位置；为防止发生危险，扶手的两端应水平延伸至少 45cm 并进行折弯。

· 为防止轮椅的车轮踩空和预知危险，应在坡道没有侧壁的一侧设置至少 5cm 的护沿。

④ 建筑物的外部出入口

· 原则上有效宽度应大于 80cm；考虑到使用轮椅，应大于 120cm；过宽时应在中间位置加设扶手。

· 应使用安全玻璃。

· 应在地板上 35cm 左右的位置进行轮椅踏板的碰撞加固。

· 把手的位置应高于地板 90cm 左右；应将拉门把手设计为棒形，平开门时为杠杆式、棒形及紧急门栓形把手，并设置辅助把手。

· 如果在主要出入口设置自动门；另外，为了应对紧急情况，应附设手动门。

· 自动门的开关速度设置为打开时快一些，关闭时慢一些。

· 在地板上设置引导色块。

· 在门的正上方安装声控门铃。

4.2 养老机构的内部规划

① 门廊（图 4-24、图 4-25）

图 4-24　入口处换鞋区

图 4-25　有引导作用的通道

· 引导公告牌的中心应高于地面约 135cm。

· 在通往引导公告牌和电梯等通道的地面上设置引导色块。

② 室内通道（图 4-26）

· 有效宽度应大于 120cm，并在通道的两端设置至少 140cm×140cm 的轮椅转向空间；转换空间应为 180cm×180cm。

· 考虑到轮椅使用者的便利性，有效宽度应

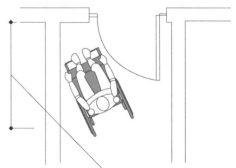

设置大于 150cm 的水平区间更为理想

图 4-26　室内通道

大于 180cm。

· 将踏板设置于距离墙面 35 ～ 40cm 的位置。

· 将扶手设置于高于地面约 75 ～ 85cm 的位置。

· 地板应采用不易打滑、摔倒时冲撞较小的材料。

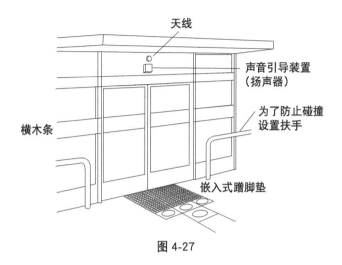

图 4-27

③ 建筑物的出入口（图 4-27）

· 原则上有效宽度应大于 80cm。

· 考虑到使用轮椅，应大于 120cm。

· 其他情况下应大于 90cm。

⊙电梯

· 轿厢尺寸为 140cm×135cm（进深），出入口的有效宽度大于 80cm。

· 大厅的轮椅转向空间大于 150cm×150cm；180cm×180cm 转换空间。

· 设置警告用点状块提示盲道。

⊙建筑物出入口的设计标准

门的结构和设备设置应考虑老年人、残疾人等是否能够顺利、安全通行（设置视觉障碍人士引导用盲道、声音引导装置、玻璃、内线电话等）。

⊙玻璃

门上使用玻璃时，希望注意以下几点：

· 对于视觉障碍人士来说，无色透明的玻璃门和玻璃屏存在着碰撞危险，因此，应在目视高度位置贴上可视横条，或用颜色（避免使用老年人视觉难以看清的蓝色）及花纹能够明显辨别。

当为玻璃门（自动拉门式的情况除外）时，距地面 35cm 左右的部分作为踏板接触面进行加固防护。

应选择安全性高的玻璃。

⊙蹭脚垫

蹭脚垫应为嵌入式，最好不使用刷子状的蹭脚垫。最好固定住脚垫边缘以免勾住拐杖端部，同时考虑与视觉障碍人士专用地面材料契合。

④ **楼梯**（图 4-28）

· 梯段有效宽度应大于 140cm，踏步高度小于 16cm，台阶面大于 30cm，防滑条小于 2cm。楼梯踏步不能突出。

· 扶手一般设置在 80～85cm 高度的位置，考虑到老年人、儿童使用时，应在 65cm 左右高度位置另行设置一排低位扶手。

· 设计时要连接两侧和楼梯平台，中间不能中断。

图 4-28　无障碍楼梯

· 为防止发生危险，楼梯扶手的两端应水平延伸至少 45cm，并向下折弯。

⑤ **厕所、盥洗**（图 4-29～图 4-33）

⊙无障碍厕所

· 轮椅使用者可以使用的厕所，出入口的有效宽度大于 80cm，标准是 90cm。

· 在出入口的前面设置转向空间。

· 厕所的大小标准宜为 200cm×200cm。

⊙便器

· 小便器应是地面式固定型。大便器应为坐式。

· 两侧均需设置扶手。

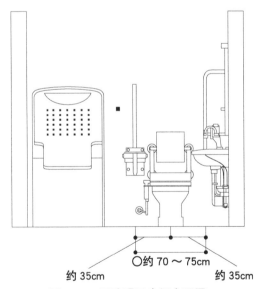

约 35cm　　○约 70～75cm　　约 35cm

图 4-29　无障碍卫生间立面图 A

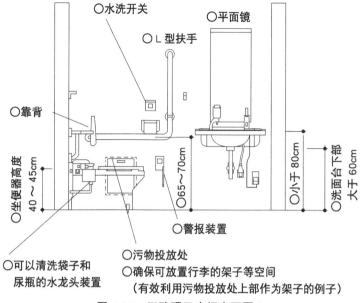

○水洗开关

○L 型扶手

○平面镜

○靠背

坐便器高度 40～45cm

○可以清洗袋子和尿瓶的水龙头装置

○警报装置

○污物投放处

○确保可放置行李的架子等空间
（有效利用污物投放处上部作为架子的例子）

○65～70cm

○小于 80cm

○洗面台下部大于 60cm

图 4-30　无障碍卫生间立面图 B

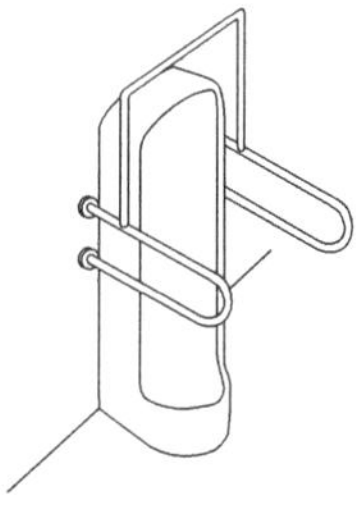

○设置可用单手扯下的卫生纸架
设置在坐上坐便器之后和之前都可触碰到的距离之内

200cm

200cm

○扶手的间隔 70～75cm

○可动式扶手

○电动开关按钮

○引导标识

○有效宽度
大于 80cm
◇大于 90cm
更加理想

○电动开关按钮

○挂钩

小便器两侧及水平安装扶手

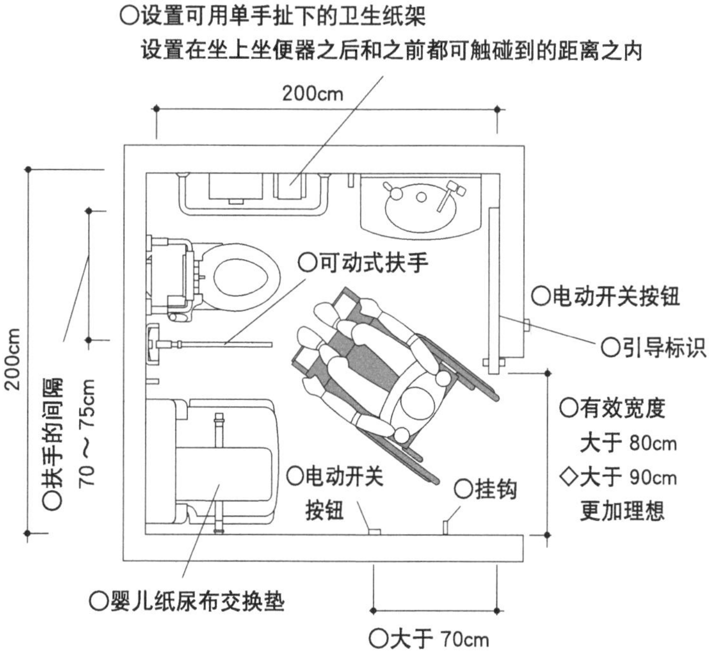

○婴儿纸尿布交换垫

○大于 70cm

图 4-31　无障碍卫生间平面图

图 4-32　无障碍卫生间的门

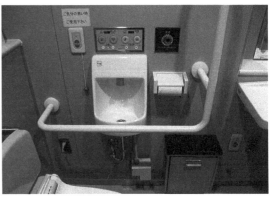

图 4-33　无障碍卫生间实景照片

4.3　养老机构设计检查表

居室等	项目
一般原则、构造	（1）是否考虑了日照（采光）、通风（保持适温）？ （2）是否为无障碍构造？ （3）能否确保发生灾害等紧急情况时的疏散路径（最少两个方向）？
出入口及走廊	（1）是否采取了消除台阶的措施？ （2）能否确保不影响轮椅、步行器通行的宽度？
餐厅及机能训练室	（1）出入口的周围是否考虑了使用轮椅、步行器等情况？ （2）地板材料是否是不易滑倒，即使摔倒了也不会受伤的材质？ （3）是否是自动开关、杆式等方便老年人使用的洗脸盆？ （4）洗脸盆旁是否放有共用毛巾？
静养室	（1）从餐厅、机能训练室来看是否是一览无余的构造？ （2）能否多人同时使用？ （3）能否采取措施应对紧急呼叫？
咨询室	构造上是否考虑了个人隐私？
浴室	（1）走廊和更衣室、更衣室和浴室的出入口处是否有台阶？ （2）是否考虑了避免从走廊等处直接看到更衣室和浴室？ （3）更衣室、浴室中是否安装了紧急呼叫器？ （4）洗浴处、浴缸处是否设置了合适的扶手？
厨房	（1）使用明火的地方是否有消防措施？ （2）有没有餐具、炊具的消毒、清洗、保管等卫生方面的考虑？ （3）是否设置了烹饪后食品的冷藏、保温设备，并可以提供适温餐饮？ （4）食品库是否有卫生方面的考虑？ （5）食材等的搬运有无安全和卫生方面的考虑？
卫生间	（1）有无考虑到男性用和女性用的区别，以及对个人隐私方面的考虑？ （2）是否在合适的地方否安装了紧急呼叫器？ （3）紧急情况下，能否从外面开锁？ （4）自来水开关是否是自动开关、杆式等方便老年人使用的开关？ （5）有无准备共用毛巾？ （6）有无采取防止误饮肥皂、消毒液等对策？

🖋 主编点评

本章的主笔者是"株式会社汤川弘子环境设计"的汤川弘子女士,"北京赛阳国际 & 金龄联合"赵晓征和赵鹤雄补充增写了整体的设计原则部分。汤川弘子女士是日本资深养老建筑设计师,具有多项养老项目设计经验,特别是能从女性视角观察老人的行为并注重设计细节,给予老年人生理上及心理上的关怀。

本人 1992 年赴日留学并访问养老设施进行研究时,大多数养老机构的平面布局与医院的住院部类似,每层数十位老人居住的房间沿走廊双面排布。此后,为了防止认知症老人迷路时停在走廊端头的角落里不知所措,有些养老建筑开始尝试设为能环绕一周的回廊型设计。负责护理的工作人员忙于巡视、帮老人变换身体姿势、更换尿布等。即使是在需要护理程度较低、入住者交纳更高费用的收费养老机构中,也是同样的集体式生活,所有人在规定时间就餐、就寝;同时为了防止物品过多,养老机构往往会限制入住者带来自己的家具、各种日用品、各种有纪念意义的物品等。

可以看出,当时日本的养老机构设计是以护理人员高效率工作为目标,从完成护理动作的角度出发的,这些设计现在被认为是缺乏人性化的,是与"以长者为中心的设计原则"相违背的,忽略了长者的心理感受和精神层面的需求。

日本在 20 世纪 90 年代通过对欧美大量的考察和研究,学习并借鉴了"以长者为中心"的理念和做法,对本国养老体系做了根本性的、系统化的、全方位的改革。从政府大量出台新的政策,到养老体系的顶层设计,然后做理念推广,实施改革。通过不断修正,逐渐形成了现行的新养老体系,这个改革过程与现阶段的中国非常相似,值得认真研究并借鉴。

自 20 世纪 90 年代到现在的 20 多年之后,日本的养老体系又有了非常大的变化,从建筑的硬件到服务的软件,从理念到运营,从长者的观念到家属的观念等都发生了巨大的改变,这种改变在未来的中国也一定会逐步发生,而且中国也一定会走这条路的。可能日本的现在就是 10 年之后中国的状况,因为养老行业的本质是相通的。

日本养老设施及环境设计在"以长者为中心"的照护理念下,发生了具体的、多方面的、符合本章第 1 节所述"养老设施设计七大原则"内涵的调整和改变,例如:

1. 由团体照护变为小组照护,并开始向个人照护努力。所以以前的 8 人间、4 人间、2 人间,逐步改变为以单人间为主,或者用隔断分割出独立的空间,尽可能让每位老人都能有自己的独立空间,以保证他们的个人隐私,使他们的尊严不被冒犯。

2. 在单人间或者用隔断分割出的房间中,老人们可以自由地放置充满回忆的照片、装饰物,甚至对长者而言有意义的大件家具(比如床、沙发),创造出一个可以让长者持续感到安全、安心、舒适、自在的场所。因此,设计师在进行养老机构设计时需要考虑长者个人物品放置的位置和余地。

3．在每个照护组团中配置小厨房，让可以活动的老人一起参与动手制作，切菜、炒菜、装盘、盛饭、配餐等，让老年人做一些力所能及的事情。厨房的位置、布局以及上下水、换气排风都需要预先设计妥当。

4．改变过去像医院或者酒店一样的布局，要打造一个家的氛围，有门厅、起居室、餐厅、厨房、卫生间、浴室、卧室、储藏室，甚至还有阳台，老人在这样一个大家庭里，与其他老人及工作人员共同生活。

5．既然是机构，当然也还需要一些公共空间、医疗康复空间、工作人员的辅助空间。还有，安全问题、动线问题、设备问题、管理问题等，设计中需综合合理解决。

6．在机构的功能布局设计方面，更多地考虑到打破边界，将一些功能向周边社区开放、形成良性的互动和互补。

7．更多地考虑到长者的隐私保护，包括更多的单人房间，以及公共空间和半公共空间中的隐私空间设计。

8．在运营方面，由集体管理向个性化服务的根本转变，这需要在设计时对服务动线及设备设施的位置予以充分的考虑。

9．社交空间的多样化、多点化、多级化设计，让长者感到生活的愉悦，内心的融入感削弱了被社会边缘化的孤独感，这也是机构养老和居家养老最大的不同，是机构养老的核心吸引力之一。

10．随着社会发展，养老机构内部的老年人福祉设施也开始发生变革，逐渐开始出现了家庭化的浴室，由多个大小适宜的浴槽组成，每个浴槽四周增设栏杆以便于老年人支撑和倚靠，使其可以自行洗浴，其制作材料由冷冰冰的金属变化为木质。

11．福祉设施外观与传统的日本民居看起来并无太大差异，其内部设计大量使用木材并极具家庭风，使得老年人有一种回到家的温馨感。

12．公共空间开始出现开放式吧台和自由交流空间，一改过去医院式的压抑感。有些老年人福祉设施在设计时开始考虑和公民馆（日本的公民馆是由政府兴办的社区教育、学术、文化及社交中心，遍布于日本各市町村）进行结合，专门为孩子提供游乐场所，孩子们放学以后可以来这里自由玩耍，老年人可以和儿童进行交流和玩耍，整个设施内部变得非常有生命力和活力。

13．照护和餐饮都开始变得组团化和小型化，每个组团的人数控制在 10 人以内，尊重每个老年人的自由和意愿，工作人员就像老人的子女、孙女一样和谐共处。工作人员和入住的老人，一起参与做饭、打扫等家务活动，哪怕卧床不起的老人，也不是孤零零地被搁置在床上，而是在工作人员帮助下到公共空间感受家庭的氛围以使其心情愉悦。

由此可以看出，为了使老年人福祉设施更加接近于家庭住宅的环境，无论是设计师还是工作人员都耗费了许多心力。

迄今为止，日本养老体系的变革是成功的，通过观念的转变、实施介护保险制度以及养老体系的顶层设计，较好地解决了一系列社会问题，比如老年人挤占医疗资源、慢病预防、社区康复等问题。

在设计细节方面，文中已描述很多，不再赘述。仅针对"4.2　养老机构的内部规划"中的楼梯要求做些说明。日本养老设施中楼梯的踏步高度小于 16cm，台阶水平面大于 30cm 即可满足规范和使用要求。而我国的设计规范中要求：踏步高度小于 13cm，台阶水平面大于 32cm。这样一来楼梯所占用建筑面积大幅增加。实际上，日常生活中老年人多乘电梯，楼梯更多的是工作人员使用。老年人日常很少走楼梯（刻意锻炼者除外），基本上只有灾害避难电梯停用时才会使用，且大多数半自理和不能自理的老年人需要依靠工作人员帮助，否则无法自行上下楼梯。所以，我国设计规范中对楼梯踏步的要求，缺乏更深入的调研和全方位的思考，造成了浪费。

纵观日本养老体系变革和进化过程，我们可以看到，养老体系是一项庞大的系统工程，观念的转变（以长者为中心的个性化服务）、政策出台（如介护保险）、顶层设计（如保险和税金结合解决资金来源）、体系搭建（多层级老人之家）、持续改进（每五年一次的修订）等举措的实施保证了养老体系的健康发展。养老设施的策划、设计和运营是观念转变后整体系统的具体体现。

第 5 章 养老机构策划及运营的重点

1 投入运营之前（项目策划）

1.1 制定项目计划的重点

无论怎样的职业都是如此，在新开发一项设施或项目时，制定人才招聘及资金运转的项目计划都是至关重要的（**图 5-1**）。举个例子，日本的法律（《建筑标准法》《老年人居住法》《老年人福利法》《介护保险法》《劳动基准法》等）和人员（确定拥有各种资质的工作人员的劳动报酬等），或者市场营销（地理位置、自己公司购买还是租赁、推销手法、推销经费等），考虑诸如此类的事项，通过数值将实际情况显示出来确认，工作量是十分庞大的。

但是，如要养老机构稳定地经营，有必要制定一个没有纰漏、确切的计划。反过来说，如果项目计划有纰漏，但未被发现或视而不见继续运营，那么机构很难获得一个稳定的发展。

1.2 土地议案信息

就日本的现状而言，拥有机构预定设立的土地信息与土地的所有权信息的，只有各住宅公司、设计师以及房地产公司等职业法人。因此，不仅是基本设计，即使是关于行政决策的设定信息，这些法人也比实际上进行运营的运营商要掌握得更多。也正因为如此，与信息相符的运营商参与投标，如与各种条件相符则继续开发，这样的情况最为常见。

建设者与房地产公司不会牵扯到后面的运营。从他们的立场来看，从业务形态到建筑费用，成本高者更加有利，买卖与租赁时的手续费也越高越好。但是这些影响必然会波及后面的运营。所以对于各项条件的事先评估和协商，越细致越慎重越好。

图 5-1　制定项目计划

1.3 雇佣层面的调查

让我们看一下"有效招聘比率"。"有效招聘比率"是指每位求职者与公司需招聘人数的比例，是显示就业趋势的指标之一，根据地区不同存在一定差别。"有效招聘比率"越高，企业愈发难以招到合适人手，特别是护理行业常出现人手不足的情况，因此需要提前预测该地区能否招聘到足够的合格人才。

1.4 客户需求调查

在这里，我们着重从客户角度来看各地的地域性差异。我们从特别养护老人之家隐性客户的增减趋势来观察各地区对老人之家的需求进行判断，以此作为参考，确定项目未来的规模和功能。

1.5 客户收入层面的调查

需接受护理服务的多是老年人。从护理服务费的支付情况来看，有老年人独自支付全额的，也有家人代为支付的。所以想要预估有支付能力的客户的数量，需对潜在客户群体的收入水平进行调查（图5-2）。

根据地区不同，市场需求、招聘人才的难易度、客户收入差异也不尽相同。因此需要提前预测这些差异所带来的影响，确立项目计划。

图 5-2　并不是所有的老年人都是预期客户

1.6 需将老龄化率和老年人口数量区别看待

我们常说"随着老龄化加深，老年人口也在增加"。但其实老龄化是指相对于区域内的总人口而言老年人口的"比重"在增加，而不是说老年人的"人口数量"在增加。这是因为出生率的降低与死亡率的升高使得老人人口数量一直保持在一个稳定的区域内。误认为老年人口在急速增长而贸然展开项目，结果发现市场需求早已达到顶峰，服务也呈饱和状态，这种情况是要尽量避免的。并且，由于被称为养老热潮期，容易产生"将所有 60 岁以上的老年人都视为预期客户"的误解。其实并非所有的 60 岁以上的老年人都会接受护理等级评估。实际上，在日本老年人口中接受护理等级评估的仅有 17% 左右，并且即使接受了护理等级评估，仍有约20% 的人没有接受护理服务。而且在接受服务的人群中，是利用机构还是家庭式，或者是只使用机构中的器械而不想接受其他服务等不一而足。我们不能一概而论地认为 60 岁以上的老人都是预期客户。即使老年人口增加了，不见得愿意使用机构所提供的服务形式的老年人一定会增加。这些误算，都是我们事前可以预测的。

假如没有任何经营护理机构的相关知识就贸然进入这个领域，然后把市场调研、项目计划全部抛给外部来做，那么很可能所要承受的损失将会是不可估量的。另外，在选择咨询顾问的时候，也要请有养老行业专业知识的专家，最好选择既了解护理现场与经营又具有丰富经验的咨询顾问。

再者，设施使用 7 ~ 8 年后修缮维护费的花销愈发明显。若设施使用了 15 ~ 20 年，就要首先对空调进行大规模更换。试想一下，严冬或酷暑时节，在服务对象将身家性命托付的养老机构，如空调因故障而停止，对于这些服务对象来说，可能是致命的。因此应该提早做好支付高额更新费用的心理准备，及时着手更新设备，锅炉及热水器等也一样。这类费用应该在项目之初的财务预算中予以考虑。

因此，一要严格地更新硬件设备，二要注重对服务对象的服务，三要注重职工的福利。事先制定一套健全的财务计划至关重要。

2 机构运营的重点（特别养护老人之家、小规模多功能护理机构）

2.1 特别养护老人之家的运营要点

① 基本服务方针

对于入住者来说，特别养护老人之家必须雇用对社会福利事业有热情及有能力的职工为入住者提供最好的服务，让老人们在健全的环境下，享受到最贴心的服务。机构应按照入住者当前的身体状况制定相应计划，让他们带着回归家庭生活的念头，为其提供洗浴、排泄、饮食等方面的照顾、咨询和援助，以及生活上的方便，照顾其日常生活，帮助其进行机能训练，实现健康管理及疗养照料，尽可能实现以入住者自身的能力就能够独立自理地生活，这也是特别养护老人之家的目标所在。尊重入住者的思想以及人格，必须努力地站在他们的角度来提供服务。着力营造温暖的家庭氛围，在运营中重视机构与地区、家庭的联系，并努力与市町村、居家护理援助事务所、居家服务从业者以及其他的介护保险机构、保险医疗服务，或福利性服务的提供者进行密切的交流与合作。

② 特别养护老人之家的人员运营标准（单元型的情况下）

人员基准

医生：有能力进行健康管理及疗养指导的必要医生数量。

生活顾问：入住者每超过 100 人或稍多于 100 人时增加一名生活指导员，生活顾问需专职。

护理人员：一般至少需要一名专职人员。入住者每超过 3 人或 3 人稍多时，至少增加一名护理人员（这里指的是专职人员——编者注）。日间一般每单元至少配备一名护理或看护人员，夜间和深夜一般每两个单元至少配备一名护理或看护人员。每单元配备一名单元管理者。

看护人员（护士——编者注）：专职一名以上。按照专职员工换算法换算，入住者不足 30 人时至少配备一名看护人员；31～50 人时至少配备两名；51～130 人时至少配备三名；超过 131 人时，按照专职员工换算法换算，"超过 3＋130 人时则每 50 人或 50 人稍多时至少增加一名"看护人员。

营养师：一名以上（40 人以下的事务所，如考虑与其他机构等的营养师有合作且能够达到预期的有效运营，不影响入住者待遇的情况下，则可不配置营养师）。

机能训练指导员：至少一名。具有理疗师、操作治疗师、语言听力师、看护职员、柔道整骨师或是按摩指压师资格证者。但是，若此人足够了解入住者的日常生活习惯、休闲娱乐和活动安排，则可兼任该机构的生活顾问或护理人员，也可从事该机构的其他工作。

护理援助专员：至少一名（以入住者每超过 100 人或 100 人稍多时增加一名护理援助专员为标准）。在不影响入住者服务待遇的前提下，可以从事该事务所其他职务。

管理者：特别养护老人之家院长需具备以下任一条件：(1)社会福利工作者任用资格；(2)社会福利师；(3)精神保健福利师；(4)2 年以上福利事业从业经验者；(5)修完福利院院长认定讲习课程者。全职人员 1 人（可以在不影响管理的情况下担任该事务所的其他职务，或担任该事务所同一社区内的其他机构的职位）

③ 运营标准必要的主要文件：

服务提供记录（工作日志等文件，可导入信息化智能化应用体系——编者注）；

机构服务计划；

如需对入住者进行人身约束时，当时的状况以及时间，入住者当时的身心状态以及对其进行人身约束的理由记录；

运营规定；

排班表；

紧急灾害设备的具体计划；

投诉内容记录；

事故及处置记录；

从业人员、设备、备用品以及财务相关记录。

④ 特别养护老人之家的运营重点

成本

特别养护老人之家是一个极其容易受到护理报酬下降影响的事业。收入一旦减少，损益分歧点也会产生恶化，并通过降低、削减成本来保证机构收益。为使机构能够长久平稳运行，人工费成本是否实现了效率化显得至关重要。为了降低成本，可将与收入增减没有对应关系的固定费用转换为与收入增减有对应关系的可变动费用，但护理服务是劳动集约型产业，如果过于追求效率而一味压低人工费，可能会导致工作人员失去工作热情，甚至产生离职者增加的风险，陷入成本降低、服务质量降低的恶性循环，这种情况是一定要避免的。不能忘记工作人员社会属性的重要性，人才才是大规模经营的基础。作为现实的制度，需考虑对收支平衡与员工热情的工资制度进行重新审核，通过规模扩大削减成本，整理各服务设备，提高工作效率，在不降低服务质量的情况下，有效地削减"人工费以外"的费用，但不要降低人工费用。

但是机构的运营经费中固定费比较多，通过降低成本来提升效益，效果并不明显。这里是在入住者每天 24 小时、全年 365 天进行日常生活的地方，再加上需要照顾的老年人身体都极其脆弱，水电费的削减极其困难。拿空调来说，空调几乎全年都在使用，可以不使用的大概只有五月与十月。更何况到了冬天，停电甚至可能导致老年人失去生命。水费也是，要节省也不能让所有人都进同一个澡堂洗澡，因为老年人根据身体状况要进不同的浴缸，在个人入浴时，有时也因为卫生问题，浴盆中的洗澡水用一次就需要更换。厨房也是一年 365 天每日制作三餐时都需使用。有人认为因为这里的老人多使用纸尿裤，所以厕所里的用水应该很少。但机构内的工作人员也需使用，实际上用水量并不少。

机构里的设施都是全电气化，使用的电量和普通地方很不一样，所以这里使用特别的缴费系统缴交电费，就这一点来说，可以省下很多成本。但是由于是全电气化，全年 365 天 24 小时都在用电，存在的风险就是停电，一旦停电，无论是空调还是厨房都会停止工作。虽然机构内有紧急发电装置，但电源是有限的，而且就算使用也只能维持几个小时。如果能够电源设备与天然气设备并用，那么即使停电，就无需惊慌，厨房还是可以正常工作的，空调也可以根据楼层不同开启使用天然气空调，这样也可以分散风险。

日本大地震后，由于核泄漏事故，关东地区采取的有计划停电措施一旦实施，将立即取消全电气化，如此一来，就不去关注眼前削减成本的问题，这样的风险也就难以看到了。而且像浴室这样大量使用热水的设施，以电力作为热源并不适合。特别是严冬时节，用电力来烧热水，经常会发生达不到所需温度的情况。所以，虽说全电气化持续发挥正常功能的情况下节省出大量成本，但它的风险还是不容小觑，毕竟不能告诉入住者"因为太冷了，洗澡水的温度烧不上去，所以今天不能洗澡了"。每个月都监控水电费的管理状况，并且进行定额管理是最好的方法（比如：每个月额度之内的水电费是免费或者低价的，但超出定额之外的价格会高一些——编者注）。

⑤ **维持高效率的几个重点**

短期居住的灵活应用

工作效率的上限是 100%，而且工作效率的变动将会对收入的增减产生影响。如果将工作效率的界限设定为 95%，那么努力提高工作效率，对病床实施缩短闲置期的控制管理将显得尤为重要。特别养护老人之家的工作效率降低的主要原因在于入住者住院以及从机构发生空床至新入住者入住为止的时间间隔。因此，如需提高工作效率，应重点进行下列工作：着眼于如何尽早发现入住人员的变动，提高对于人员变动的应对能力，观察日常的健康状况与共享信息，与合作医疗机构以及配备的医生等进行医疗合作，在机构内同时设有短期入住用病床时进行有效利用闲置病床的相关调整，以及对待入住人员信息进行管理等。

因为是一种入住机构，无法避免某种程度的住院风险，因此采取短期入住方式是一种弥补措施。机构以入住与短期入住的合计数为最大容量。尤其是特别养护老人之家，一般有这样的规定，即假设拥有 80 个特别养护老人病床，20 个短期入住病床，共 100 个病床，无论是何种服务对象，截至 0 时如已接收 100 位服务对象，则视为运营良好。举一个极端的例子，即使有 70 位特别养护老人，30 位短期入住老人，也可称之为运营良好。另外，截至 0 时，即使有 110 位或 120 位服务对象入住，也属于运营良好。总的来说，短期入住者不限于 1 天 1 位，可以是上午 1 位下午 1 位。另外，还可以将半天作为一天计算。即使是 20 个床位的短期入住，也可以实现最多 40 个床位的入住。入住时，如果允许使用住院闲置床位，则会实现顺利入住。而且，有时还可根据情况，实现入住率 120% 的运转。

配备专业的短期入住协调人员，在确保拟入住机构的服务对象的同时，与护理负责人合作，并与家属保持良好沟通，建立友好的双方关系，这些都是必不可少的。

另外，如出现需要住院的情况，需要与医院及医院的医疗合作机构密切合作，交换信息，对于可能超过三个月的长期疾病患者，应在三个月内进行劝退，并提供出院后的接收体制指导，取得家属的理解。预计入住期为三个月以内时，应向患者家属进行说明，积极推进短期入住型闲置床位的利用工作。可以说，短期入住的要求依然非常旺盛，故利用闲置床位以及提供床位的使用机会是机构的一项重要职责。

⑥ 护理人员的高超的观察能力与出色的医疗合作

为维持机构较高的工作效率，很大程度上依赖于及时、正确地掌握服务对象的健康状态与精神状态，实现切实的医疗合作，这是一项基本要求。因此，每位护理人员应具备高超的观察能力，以及正确地传递、共享信息，正确地记录信息的能力，这一点至关重要。

另外，首先应进行的最低限度的工作是，充分收集需要重度护理的具有高住院风险的服务对象的信息。例如，患有脑梗死后遗症的服务对象具有随时复发的风险，其水分摄取与服药的重要性均高于其他服务对象。

在判断实施医疗救治的正确时机，确定机构应采取的行动时，建立一套各护理部门间的合作及协作体制必不可少。不仅如此，为接收入住者入住，顺利地为其日常生活提供援助，护理人员之间的合作与协作也非常重要。

⑦ 护理与看护间的合作

护理与看护（护士——编者注）的职责的最大的区别在于护理只需掌握有限的服务对象的情况即可，与此相反，看护则是即使只是服务于一位服务对象的护士，也需要掌握所有服务对象的病历与健康状态的职务（**图** 5-3）。目前存在着只能由医疗人员下达医嘱，护士的指示在护理人员中行不通，无法彻底实施等情况，无法顺利推进护理与看护之间的合作，无法正确满足服务对象的医疗要求的情况。这种情况可能会延误服务对象接受医疗救治的机会，使可以通过就诊治愈的病例发展为住院治疗，并且会加重病情，导致出现本可通过短期住院治愈的病例

护士　　护理员

图 5-3 （护士、护理员）互相合作，随时掌握服务对象的健康状况

发展为长期住院的情况。上述情况自然也与工作效率有关。

如上所述，即使只是服务于一位服务对象的护士，也需要掌握所有服务对象的病历与健康状态。但是，在日常工作中，却很难对所有人员加以关注。与此相反，护理人员仅需负责有限的工作区域内的服务对象，所以可以更加细致地观察服务对象的状况。因此，如果能够理解两者的职责与作用的区别，建立可以紧密合作的体制，便可在最佳时机将入住者委托给医疗机构进行救治。

⑧ 跌倒、传染病等的预防

在冬季的干燥季节，需要注意将室内湿度保持在 40% 以上。湿度低于 40% 时，喉部不适的人会瞬间增加，感冒的人员也开始出现。另外，应经常对居室内部进行整理、整顿，清除大厅中妨碍服务对象视线的障碍物，对于生活中易引起的各种事故隐患防患于未然。另外，如果居室内部杂乱无章，会增加跌倒的风险，因此需要随时警惕。

另外，为保护服务对象免受传染病的侵扰，不应忘记工作人员的健康管理与风险管理工作。平时很少与外部接触的服务对象所感染的流行感冒以及诸如病毒，多数来自职员的传染。病毒性胃肠炎蔓延，其大部分原因是员工的洗手、消毒工作进行得不充分所致。对于职员的发烧、咳嗽、腹泻等症状，应当建议其到医疗机构彻底治疗。另外，建立身体状况无异常的报告体制也具有重要的意义。而且，感冒以后不应贸然上班，以免服务对象受到感染。

⑨ 维持服务对象护理等级的平衡

入住 2～3 年以后，随着入住者年龄的增加，大部分服务对象的护理需求状态均会不断提高。例如，重度护理的服务对象搬出机构以后，一般会增加一名相同护理等级的服务对象入住，或者考虑到护理需求程度加重，接收一名轻度护理等级的服务对象以调整平均护理程度。而如果只考虑入住的必要性的话，则一定会选择需要进行高等级护理的服务对象入住。但是，这样一来，会因为重度化的影响，使机构处于持续保持一定数量的住院者的状态，且机构的利用率也保持着可持续状态。

⑩ 努力采取措施，不降低 ADL（日常生活活动能力）

例如，虽然服务对象可以自己行走、吃饭，但是因为进行这些行动需要花费时间，便剥夺其自己行走、吃饭的机会，并最终会导致服务对象失去日常生活活动能力（ADL，Activities of daily living）的结果。从上述"过度护理"的实际状态来看，是护理人员与看护人员、功能训练员与护理负责人之间未能做到很好合作与协作所致。

接收新服务对象入住时，需要详细检查身体状态与体力等情况，并且需要开始实施恢复 ADL 的康复训练，制定护理计划。所以，必须充分掌握其入住以前的生活状况，以及所接受的康复训练与护理等情况。另外，与事先接待的生活顾问、详细检查身体状况的功能训练指导员、护理负责人进行合作与协作也必不可少。

另外，护士应充分掌握服务对象的病历以及与目前的疾病有关的信息和服药信息，具有哪些医疗风险等情况，并将已掌握的信息准确地传递给护理部门，接收到上述信息的护理部门必须在日常护理过程中彻底贯彻医疗方面的检查要点。

如上所述，明确各部门间的作用与职责，建立一套合作与协调机制，才能打造出一个坚实的稳定发挥机构工作效率的基础。

⑪ 向"全部为单人间"的风险发起挑战

单元护理模式最大的"死角"就是"全部为单人间"风险。单人间一旦关上门就什么也看不见了，屋里会发生什么事情外面完全不知道。因此经常听到单人间中发出巨大的声响后急忙打开房门，发现屋里的人跌倒在地的情况。但是，没有人看到跌倒时现场的状况。说得极端一些，就是在关上房门之后，护理人员对于房间内的生死情况一概不知。

采取单元护理方法的机构经常会面临这一问题。虽然各机构一直在努力采取各种方法，但并未得到一个统一的答案。特别是对于患有认知症且具有情绪不稳定等附加症状的服务对象，需要随时打开房门，直接掌握房间内的情况与声音。例如，将患有认知症以及精神状态不稳定症状的服务对象在入住时就事先安排在入口附近便于护理人员应对的房间内等，也可以称为一种基本对策。但是，单元型护理却有即使出现问题与纠纷，也很难更换房间的缺点。因为是单人间，有时会出现服务对象已经将现有房间打造为以本人为中心的居室，或者本人及家属拒绝更换房间的情况。另外，还会经常出现距离护理中心最远的服务对象居住者认知症突然恶化，但难以观察其室内的情况。

但是，现在只需要掌握哪个患者需要哪种援助，护理人员便可不必总是在单元范围内逗留。另外，还可使用 PFS 充分应对紧急呼叫。

作为一种先驱性探索，目前已有一种在单人间房门的外面便可以大致掌握房间内服务对象情况的机构。之所以可以实现上述目标，是因为这是一种在入住前与入住后的半年期间内由护理管理人员、生活顾问及个人护理人员进行三方合作，通过彻底地了解情况与问询等方式完成个人评估的方法。大多数的服务对象存在着并非从家庭直接入住的实际情况，而是在多家机构与医院之间辗转之后最终入住的。但是，上一家机构往往只掌握极为有限的信息，所以需要在该机构中彻底跟踪入住人员的履历，通过机构、医院与家属，彻底掌握入住人员的病历、生活经历、日常生活状况及独立生活时的亲属关系、爱好，乃至认知症症状的变化等情况，历时半年完成这项个人评估，收集到希望在该机构内过上怎样的生活、平时希望以哪种方式度过等详细信息。这些信息还可以用于专业医生对认知症及并发症进行正确治疗。

在入住后的半年时间内，通过护理人员与看护人员的合作，彻底确认服务对象需要接受哪种医疗援助，采用哪种排泄方式，能否不使用尿不湿，希望摄取哪些食物等问题，并且详细确定个人的护理方针与内容，成功地实施护理方案。另外，还详细制定每个人的日程表，详细描述在什么时间实施哪种护理，什么时间在哪里怎样度过等内容。通过进行详细评估与制定护理方针，培养彻底且可靠的观察力（**图** 5-4）。通过对服务对象充分的了解，以及采用准确的护理方式，可以最大限度地避免"全部为单人间"时产生的风险。

⑫　**今后护理机构运营应有的模式**

　　日本养老护理设施的运营形势日益严峻，每次修正护理报酬时，都希望以低成本进行有效运营。以往常常花费巨资举办夏季庙会与圣诞节集会等大型活动，但现在的关键词已经由"全体"变为"个别"，所以应该彻底改变原有的举办大型活动的方式。另外，机构为自身的利益举办的活动也很多，经常会出现将轮椅摆放好之后，强迫大家参加活动的情况。今后应尊重个人需求，追求不花费过多也能提高服务对象的满意度。

　　现在，日本的"团块一代"（专指在 1947 年至 1949 年之间密集出生的一代人）已经到了开始需要护理的年龄，机构在计算成本时，必须在护理机构中推进"康复治疗、饮食、肢体活动、有益于健康"等关键词（**图** 5-5）。

　　当今，人们具有较强的个人主义独立意识，迫切希望自己可以独立自主生活，尽量不需要他人照顾，因此，保持自身良好的身体状况的意识非常强烈，积极进行康复治疗的需求也非常明显。

　　曾经的特别养护老人之家大多进行一些诸如自己步行至卫生间，防止股关节挛缩等简单的生活康复训练，这些训练都比较消极。现在老年人为了能够外出，会积极主动地进行身体的康复训练。设置在走廊内，仅可以进行来回走动训练的双杠等设备，已无法满足服务对象的要求了。在日托护理服务中，可以实现以加强体力为目的的康复训练等也大受欢迎。另外，由理疗师等专业人员制定正确的机能训练计划，有计划地实施康复训练也变得非常重要。

　　下一个重要事项，依然是饮食问题。现在的标准不仅是能够"提供食物"，而是已经明确地转变为用心准备的"食物"，可以"选择食物"已经成为当今的关键词。今后不仅需要提供安全且新鲜的食材，还有可能需要注明食物的原产地。

图 5-4　护理方针的准确率来自可靠的观察力

图 5-5　机能康复训练和健康规律的饮食

"团块一代"人们的理想是即使到机构入住，也能够像在自己家中生活那样。为了实现上述理想，则需要积极锻炼身体，将身体保持到一个良好状态。设施的护理工作往往容易片面着重于饮食、排泄、洗澡这三方面，对服务对象业余时间的度过方式等还不能提供充分的关怀，自然也无法满足今后的需求。另外，另一个关键词是"有益于健康"，现在人们非常关心自己的个人健康管理方法，最近的保健食品潮也证实了这一情况。

现在，有些养老机构每周通过网络购买保健食品。除了日常服药以外，按照自己的方式摄取保健食品也许将成为一种常态。鉴于上述个别需求的多样化趋势，以及所发现的问题，如果继续按照以往的普通方法制定护理计划，将会无法实施所述计划。

2.2　小规模多功能型居家护理的运营要点

①　什么是小规模多功能型居家护理？

以需要护理的老年人为对象，以日托护理为中心，按照服务对象的选择，进行上门护理或提供短期住宿服务的机构。服务对象可在此接受餐饮、洗浴、排泄等护理及身体机能训练等。

②　小规模多功能型居家护理的基本方针

小规模多功能型居家护理事务所是一种在护理需求者家中或服务网点向护理需求者提供护理服务，或提供短期住宿服务，在该服务网点，使服务对象在家庭以及可以与社区居民进行交流的生活环境下，接受洗浴、排泄、餐饮等护理服务、其他日常生活方面的照料以及身体机能训练，护理应以服务对象按自有能力实现居家独立生活、生活自理为目的（**图** 5-6）。

图 5-6　社区紧密的小规模多功能性居家护理

③　小规模多功能型居家护理的人员与运营标准

护理从业人员（至少 1 人为护士或助理护士，且至少 1 人为专职）

夜间、深夜以外：接受日托服务的服务对象每三名或稍多，按全勤换算方式换算，安排至少一名提供上门服务的护理人员。

夜间、深夜：【有服务对象住宿】至少一名夜间与深夜工作人员，至少一名夜间值班人员【没有服务对象住宿】值班或夜间及深夜工作人员一名。

护理援助专员

专职。在不影响服务对象的服务待遇的情况下，可兼任该事务所的其他职务，或该事务所同时设立的其他机构的职务。

管理者

作为特别养护老人之家、老年人日托服务、老人护理保健机构、团体之家等从业人员或上门护理员等，需为具有三年以上的认知症护理经验，且已完成厚生劳动省规定的研修的毕业人员。全职专职人员一人（可在不影响管理的情况下，担任该事务所的其他职务，或在该事务所同时设立的机构中负责其他工作）。

限定人数

登记限定人数 29 人以下，使用日托护理服务的限定人数为登记限定人数的 1/2 到 18 名

（即不超过 14 ～ 18 名）范围内，使用住宿服务的限定人数为登记限定人数的 1/3 到 9 名范围内（即不超过 9 名）。

④ 运营标准必要的主要文件

服务提供记录

小规模多功能型居家护理计划

居家服务计划

运营规定

排班表

紧急灾害的具体计划

投诉内容记录

事故及其处置记录

从业人员、设备、备用品以及财务相关记录

⑤ 小规模多功能型居家护理的特征

小规模多功能型居家护理属于地域紧密型服务之一。小规模多功能型居家护理不但以日托（日托服务）护理为中心提供服务，还可按服务对象的要求提供上门护理（在家援助）与短期住宿（喘息服务）。也就是说，如果是已登记在册的服务对象，可以在一家机构内接受日托护理、上门护理及短期住宿等三种服务。

因此，小规模多功能型居家护理虽然根据服务对象的要求以及所需要的护理程度提供护理服务，但是服务使用费采用在三种服务的基础上，加入伙食费（1 餐大约 300 ～ 600 日元）、住宿费（1 夜 3000 日元左右）等的套餐制度。

使用小规模多功能型居家护理的优点是可在一家机构内接受日托护理、上门护理、短期住宿等三种服务。这是因为在以前，服务对象使用通勤护理、上门护理、短期住宿等三种不同服务时，不得不在不同机构接受由不同工作人员提供的服务。但是，小规模多功能型居家护理作为社区紧密型服务出现以后，就可以在一家机构内接受由熟悉的，并在平时有过交流的工作人员提供的上述三种服务。特别是对于患有认知症的老年人来说，接受由熟悉的工作人员提供的服务，（与接受由陌生的工作人员提供服务相比）在减轻患者混乱症状方面可以说意义非凡。

另外，已分别规定一个事务所的使用限员为可登记使用人数最多为 29 名，可使用日托服务的人数为 1 天最多 18 名，短期住宿的人数最多为 9 名，这也可以认为是小规模多功能型居家护理的优点之一。如此一来，小规模多功能型居家护理可以通过在较少的人数制度的条件下提供服务的方式，来满足每个被护理者的个性化需求。

⑥ 小规模多功能型居家护理的难点与展望

通过上述介绍可以看出，可以在一家小规模多功能居家护理机构内接受日托护理、上门护理、短期住宿等三种服务，并且可以由服务对象所熟悉的工作人员提供服务，满足其多种需求。所以，一经出现，便被认为是一种"尽善尽美"的机构。而且，自 2012 年以后，小规模多功能型居家护理被视为一种复合型服务而提供给服务对象，期待其可以满足具有较高医疗需求的服务对象的要求。但是，如此方便的小规模多功能型居家护理也存在着若干难点。

⑦ **服务对象眼中的小规模多功能型居家护理**

首先，第一个难点就是使用费的问题。如上所述，小规模多功能居家护理的使用费采取在日托护理、上门护理、短期住宿等三种服务的基础上加入餐费、住宿费的套餐制度。因此，无论是使用多项服务还是使用少量服务，均需要支付一定数额的使用费。所以对于基本不使用服务的服务对象来说会有一种量少价高的感觉。

第二个难点是使用一家小规模多功能型居家护理服务以后，将无法使用其他事务所的介护保险服务。如上所述，小规模多功能型居家护理是一种可以在同一家事务所接受日托护理、上门护理、短期住宿等三种服务的具有较高灵活性的服务。但是，反过来讲，由于没有必要在其他事务所接受在小规模多功能居家护理所接受的服务种类，所以如选择使用小规模多功能型居家护理的话，则其他事务所的居家护理援助、上门护理、上门洗浴护理、日托服务、日托康复训练、短期住宿等服务就都无法使用了。可以将小规模多功能型居家护理称为一种具有较高灵活性的服务，但是从另一种观点来说，还可以将其称为一种比较死板的服务。

另外，与之相关的，虽然小规模多功能型居家护理强调在工作人员较少的条件下由服务对象熟悉的工作人员提供服务的优点，但是，反过来讲，如果与该工作人员以及其他服务对象之间的关系稍微恶化，便会导致服务难以进行下去，从而失去可接受服务的地点等极端情况。小规模多功能型居家护理是一项实际上可接受多种服务的复合型服务形态，但是，一旦考虑到无法在其他机构与其他工作人员以及其他服务对象接触，有时会觉得太死板。不应无条件地认为通过小规模多功能居家护理接受各种服务是一件好事，而且也不应该忘记，在其他机构接受其他工作人员提供的服务，或者与其他服务对象接触，有时对于服务对象本人来说，也许是一种得以喘息的机会。

⑧ **工作人员眼中的小规模多功能型居家护理的难点**

对于工作人员来说，小规模多功能型居家护理也存在着一些难点。其一，工作人员必须随时检查、记录服务对象来到机构的时间、回家的时间。例如，虽然将小规模多功能型居家护理的日托护理的工作时间（日托服务）规定为"朝九晚五"，但是，服务对象基本处于可以自由出入的状态。因此，有的服务对象会一早来到机构，在中午之前回家，或者有的服务对象会在下午来到机构，在傍晚回家。

因为小规模多功能型居家护理的使用费采用套餐制，所以原则上服务对象可以随时来到机构，也可以随时回家。但是餐费却采用另行计费的方式。为了正确计算每位服务对象的使用费，工作人员需要随时检查服务对象来到机构的时间与回家的时间，并且需要确认其是否用了早餐、午餐、晚餐中的哪一餐（因为有些服务对象会自带早餐，所以必须进行检查记录，自带早餐的服务对象当然无需支付当天的早餐费）。

与上述情况类似的现象是服务对象突然要求在设施内住宿，对于工作人员来说，也可以称为难点之一。在小规模多功能型居家护理过程中，有时会出现服务对象因为家庭等原因突然提出需要住宿的情况。这时，需要在之前预定好的排班表上增加工作人员的配置。原来的排班表中已经预定休息的工作人员，有时会因为机构内住宿人员的增加而不得不由休息变更为出勤。

也就是说，无论是餐饮还是住宿，小规模多功能型居家护理当天的使用人数均与人数基本固定的特别养护老人之家不同，因为小规模多功能型居家护理的使用人数会随时发生变动，所以对于小规模多功能型居家护理设施的工作人员来说，无法固定工作人员的排班表，可以说是一个难点（实际情况是为了随时能够应对紧急情况，每个机构均会制定多个形式的排班表）。

⑨ **对小规模多功能型居家护理的展望**

虽然小规模多功能型居家护理存在着若干难点，但是对于服务对象来说，由于可以由其熟悉的工作人员提供服务，且可以加强与其他服务对象的联系，所以是一种颇具魅力的机构。进一步来讲，因为现在已将上门护理功能纳入到小规模多功能型居家护理之中，对于具有较高医疗要求的护理需求者，可以做到积极对应了。因此，可以说，小规模多功能型居家护理可以满足服务对象及其家属的要求，今后将会不断发展，成为一种主要的服务形态。

❸ 养老机构人才培养的关键点

3.1 劳务管理

新机构设立时，必须雇用具有各种资质的员工。根据机构的不同，设置时必须符合人员配置标准。但是，其中需要特别重视的是可以代表机构面貌的管理者的配置。

关于管理者，许多情况下也不会要求资质。而且，一般来说有资质者的薪水会很高，因此许多机构让具备资质的人员兼任管理者。

即便运营开始后，由于本行业相对于其他行业人员流动会很频繁，因此在事业计划阶段，应当明确公司设立机构的思考与理念，并遵循这一思考与理念确保从业人员能够到位。虽然有时也存在着"因为没有其他人了没有办法"等情况，但即便因此而拖延事业计划，也应先考虑人才确保事宜。

3.2 人员配置与人才培养

① 关于人工费的思考

经常会有人问："恰当的人工费率是多少？"，但真正重要的不是拘泥于人工费率，而是能使现场顺利运转的人员配置。在此必须先充分理解人工费这种经费的本质特性。所谓人工费，并非像制造东西的材料那样，可以准确计算出能制造相当于多少价值的产品。所谓护理服务这种事业，效率和客户满意度并非与投入的人工费成正比。而且，在护理现场的实际感受是人手经常不够，很容易发生无论走到哪里都无暇应付的情况。

护理现场如果没有良好运转，业务上就会因此出现未解决的问题，护理事故也会频繁发生。事实也是这样，虽说在护理人员少或是没有护理人员的地方也多有事故发生，但是，根据笔者的经验，越是发生重大护理事故的地方，却经常是人手越多的地方，护理人员们就不自觉地互相依赖、互相推诿，造成工作不能及时完成，如不能建立一个对服务对象负责的体制，就会产生很多的漏洞。要防止事故发生，重要的并非人员配置的数量，而是护理人员的事业理念。人工费由每个工作人员的人工费的总和构成，但根据机构不同，即便相同金额的人工费，其能力与产生的效果也不一定相同。换一个角度来看，人工费也可以说是每个人的经验与能力的总和。因此，在经营方面，如果认为能将人工费按比率控制在百分之几以内就能够良好地经营机构，那很了不得了。

当今的时代，毫无疑问，不能满足个人需求的服务以及事故多发的护理服务必定不会被接受。护理服务首先是通过人对人直接提供服务，为对方提供充分满意的服务而成立的。仅仅配置工作人员没有任何意义，关键是提供什么服务，如何提供。

公司里最大的成本是人工费，人工费不应当作为单纯被消耗的经费而结束，反而应当且必须成为创造新附加值的特别经费。简单来说，即便薪水相同，如果有的人能力强，有的人不强，则投入经费后的结果也大不相同。有些优秀的护理员，一个人可以驾轻就熟地完成 1.5 个人的工作，看护能力也是如此，有些护理现场确保了优秀的合作能力，一个人也可充分看护 3 ～ 4 个服务对象，在现场人员配置缺少一个人的状态下也能应对。

相反，护理现场存在问题的经营往往是"总之先让现场运转起来"，对具体内容只要求临时发挥。护理现场如不能配置身负必要责任的员工，可以说是很危险的现场。

② 人员均衡配置很重要

确保护理现场顺利运转的原动力是工作人员团结合作。如果护理人员之间的能力与经验存在很大差距，则这种合作就无法顺利发挥作用。根据服务对象的护理等级及认知症的程度，哪个现场需要配置怎样的人才，组合怎样的能力与经验才能发挥最大效果，应当充分考虑这些因素，然后再决定人员配置。

即便现场都是经验丰富的老手，但每个人的经验也有可能会互相冲突，工作反而无法顺利进行。最为关键的人是在机构内护理经验达到三年左右的员工。以这种员工为核心，当洗浴等需要很多人手时，老手可以巧妙地弥补不足，同时，新员工在优秀指导者的指导下全力行动，则现场会顺利运转起来。这种组合就是新员工加上具三年经验者与经验丰富的老手，如意识到这种组合的优点，并将护理人员分成没有经验的新员工、工作未满三年经验较少者、三年至五年的中坚骨干、五年以上经验丰富的老手等四个等级，其比例大致分成 2：3：3：2 就可以了（**图** 5-7）。

未满三年经验较少者的比率为 50%。当然，这一等级在发生骤变等紧急情况时，其应对能力等相对逊色，但与服务对象之间的沟通交流等重要环节完全没有问题。

另外，护理现场女性的比率会高一点。但是，女性在生活的不同阶段，会因生产等女性特有的理由而离职，这种自然减员无论如何都会存在。如果这类人员配置能做到平衡，则发生老手退休、结婚离职等所谓自然减员的情况时，可视现场的成熟度，采取用新员工补充老手、护理能力提高而无需立即补充人员等措施，从而也能控制人工费。

人工费率根据机构的历史与护理员工的固定率、水平等，自然而然会确定下来。如果优秀的员工团结合作，从结果来看，有望达到降低成本的效果。在日本的老人之家，确保现场顺利运转的人工费率自然而然保持在 55%～65% 的范围内。

③ 人才质量的确保要从人才录用开始

对机构来说，应当怎样确保具有战斗力的人员呢？可以说很大一部分要从人才录用开始。在人才录用中，最根本的是面试，但不能说仅凭面试就够了。因为在以援助老年人生活为目的的机构中，需要的不仅是护理技术与经验，作为职场人所必备的工作方法、人情世故、沟通方

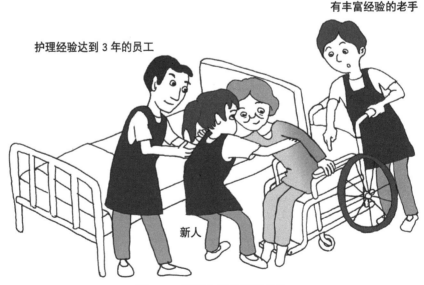

图 5-7　员工之间的相互合作

式等常识与知识也很重要。

人才录用必须确保多种录用渠道。对于机构来说，从长远观点来看，重要人才就是应届毕业生。如果可以录用的话，可与四年制大学的福利系学生、护理福利专科学校两方面建立合作关系。四年制大学不仅能够学习护理与福利专业知识与技术，还可以掌握职场人所必备的常识，而从专科学校可录用对护理有热情的应届毕业生。另外，即使在学校并非护理福利专业，但大学就读期间对护理有兴趣而进行咨询的人中，也有很多非常优秀的人才。

虽说如此，但护理并非只要技术就可以，相反，它是一项终极的服务业。护理技术说到底就是帮助老年人生活、实现自我价值、提升满意度的手段，并非目的。简单来说，怀着将老年人当作客户，想办法使其愉悦的观念非常重要，只要带着这份心意，就会为了弥补自身不足的知识、技术而学习。让我们敞开接收知识的大门吧。

毕业生新人虽然缺乏经验与技术，但从新鲜感、高涨的热情、特殊癖好与大大咧咧的工作方式来看，他们是自由的人才。这意味着只要认真教育、培养，就会渐渐成为强大的战斗力。可以的话，最好能坚持定期录用，与学校方面建立良好关系。特别是对新设立的机构来说，这些新毕业生将成为强大的战斗力，因此尽早制作录用计划并将招聘文件送至学校也很重要。

如需进行其他的中途录用（指录用有工作经历的人），则以夹在报纸里的招聘宣传单和互联网为主要途径。中途录用的选拔标准中，最为重要的是看简历，工作不满三年即频繁离职的人需要避开。无论是机构养老服务类还是居家养老服务类，如果工作经历不满三年，则大多数人都无法完全吸收技术与知识。为了准确确认这些情况，建议不能仅凭面试确定是否录用，而必须设置关于护理知识与社会常识的笔试考试。特别是让应聘人员写总结文章，这种方法非常有效。在护理界，技术方面当然重要，但更多的工作内容是写记录与报告书，而且，有时也需要向老年人家属写书面材料。客观且结构紧凑的记述能力可以说是选拔的基本标准。此外，通过让应聘者写文章，可详细了解此人所具备常识的程度和基本的思考方法。

再有，招聘时加入简单的实际操作考试也很不错。通过这种方法，不仅可了解其技术能力的高低，也可看出他是否具有沟通的亲和力。此人的特点，比如是否自来熟，是否粗枝大叶，是否按自己的节拍进行等都会表现出来（图 5-8）。

④ 今后对人才的要求

虽然刚才写到应届毕业生从学校获得护理资质毕业时，往往热情很高，但有一种倾向不得不注意，这在已成为护理技术专业人员中并不少见。

有时会碰到认为只要能够协助老年人换乘轮椅和洗浴等就足以应对工作的新人。比如，一让新人写研修日志，则技术方面自我满足感的内容很多，对服务对象做到了怎样的援助等沟通技巧方面的轻视就很明显地表现出来。有时并没有将老人理解成一个独立的有个性的正常人，而是将其视为"……不行""丧失……能力"的"有障碍"人士，视为仿佛具有缺陷般的存在。

图 5-8　不仅仅是为了面试，被采用才是关键的

也许学校的护理福利教育论并没有花太多时间指导他们要维护老年人的尊严、加倍尊敬他们等理念。

因此，有的年轻人直接将对方视为"障碍"人士，从而带着一种高人一等的年轻人的姿态对待他们。

今后的护理要求要从提供敷衍了事的护理服务向积极援助服务对象助其实现自己想要的生活的护理服务转换。这极大地改变了护理的价值观。传统的护理是自我目的性的，关心的是比如更换尿不湿、协助进餐等护理是否一个一个都完成了，追赶着时间轴，关心的是必要的护理是否在一定时间内完成，但完成的质量基本不作为重点需考虑的问题。

但是，今后的护理服务并不仅仅是关心做了什么，而是从提供了具有怎样的附加值、怎样提供了令人满意的服务来进行评估。也就是说，相对于投入的人工费，产生了多少附加值这一点将成为评估的内容。

这种服务对象的满意度并不只是单纯的主观性词汇"满意"的意思，而是服务对象能过上多么健康、安全、实现自我的丰富生活，换一种看法也许可以说，怎样在医疗与护理实现最佳合作的体制下维持一种高效率，构建一种没有浪费、满意度较高的服务关系。

换言之，问题在于对机构经营来说，怎样构建一个能高度维持工作效率这一重要因素并提供切实的高质量服务的体制。

日常生活中，如果具备连服务对象的细微变化都不会漏过的优秀观察力，就能够提早观察到服务对象身体上的反常与疾病的前兆，在事态变得严重之前，即可在合适的医疗保护之下，把服务对象送到医院等。只有构建这种早发现、早治疗的体制，才能打好机构稳定经营的基础。但是，在机构经营中，若这种重要的观察能力仅止步于个人能力的范畴，则没有意义，因为机构护理服务是 365 天 24 小时连续性的，这种优秀的观察力如果无法持续则没有意义。

要保证这一点，关键在于人才构成。机构经营要解决组合怎样的经验、能力，使两者效果相辅相成的问题，这恰好与能否分出较大力量去构建合理的人才组成，以最少的人员达到最大程度的服务效果相关。

⑤ **在必要的时间段配置必要的人员**

在每个护理员工能力相当、配置平衡的现场，人手不足的感觉极为少见。在为人们的生活提供援助时，并不需要 24 小时保持相同的人力与密度。早上起床时、早餐时间、晚餐时间和夜间护理时间等都是需要密集配置人员的时间段，只要能够在这些时间段内进行巧妙配置，单元护理等个别护理就不需要总是保持太多护理人员。

⑥ **护理人员也需具备医疗知识**

全体护理员工都应当具备有关老年人容易罹患的疾病的基本知识（图 5-9）。比如，脑梗死具有怎样的前兆，呼吸器官疾病的症状是怎样的表现，必须以护士为中心定期开展学习讨论会。另外，包括防止误吞等意识在内，需要护理的老年人常用药物的知识也变得愈发重要。治疗脑血管的药物、控制血糖的药物、控制血压的药物、治疗认知症的药物等，总共不止几十种，可按治疗范围定期开展学习讨论会。

协助服药的护理人员缺乏对服务对象所服药物的知识与意识的了解是误服药物的常见原因。如果单纯以协助用餐的意识喂药，而忽略药物风险，不在意服药后的风险，以及不按时服药的风险，则很容易导致误服药物的情况发生。只有认真提高药物知识与意识，就能防止许多误服药物的情况发生。

护士

护理员

图 5-9 护理员都应该掌握的护理知识

❹ 养老机构的环境卫生

4.1 目的

创建养老护理机构的环境卫生，主要着眼于"通过清扫保持清洁""保持机构内空气的清新""设备的维护（床、窗、窗帘、家具、墙壁、顶棚、空调设备、厕所、浴室和浴缸等的卫生管理）""预防感染""保持良好采光""安静""温度、湿度的调节"等要素。

为使养老护理机构的环境卫生维持在更为良好的状态，对以上要素进行持续性维持和管理，使其与其他护理机构相比，需护理老年人更能"过上卫生、舒适的生活"。这些举措的实施，可使本机构区别于其他机构，并获得更好的评价。

4.2 机构内环境卫生的五大重点区域

① "接触"区域

感染的最大原因是"接触感染"。当然，接触主要是与护理人员的"手指"的接触。因此，护理机构环境卫生（清扫）的重大意义在于使人的手指可接触的所有地方均保持清洁。为防止接触感染，最重要的是如何保证护理人员"手的清洁"。因此，日常生活当中进行"正确洗手"是不可或缺的。下面以"日本联合国儿童基金会"推荐的洗手方法为例介绍一下"正确的洗手"方法（**图** 5-10）。

此处所说的可能感染的细菌或病毒等包括"甲氧西林耐药葡萄球菌（VRE）""万古霉素抗药性肠球菌""诺如病毒""A 型肝炎病毒（HAV）"等。

② "用水"区域

频繁地被水浸湿的地方会滋生很多包含霉菌的细菌。细菌等不仅会造成污染，还是恶臭气味的发生源。在护理机构，卫生间和浴室等地方能否保持清洁，直接关系到入住者能否享受到舒适的生活，因此，保持这些地方的环境卫生有着重大意义。

这些地方可能感染的细菌或病毒有"绿脓假单胞菌""大肠菌""沙门杆菌"以及"军团菌病"等。

③ "空调"区域

养老护理机构内空气中的"灰尘"及含有细菌的"微生物"常会引起呼吸系统疾病。减少或减弱此类"灰尘"及含有细菌的"微生物"对入住者的健康保障具有非凡的意义。

空调等制冷设备安装于顶棚或其附近位置，所以护理机构内的空气从"地面→顶棚"流动，最后扩散至整个空间。因此，要想使机构内的空气变得清洁，就必须仔细清扫地面。除了每天清除地面的"灰尘""尘土"以及灰尘上的细菌等以外，还需要进行适当的"换气"。

来吧，全世界的人们！

让我们洗起手来！让我们拉起手来！

洗手时间持续20秒以上！左手右手都要认真清洗。

1. 把手淋湿

2. 搓起肥皂泡泡

3. 合上手掌使劲搓

4. 好多泡泡～

5. 将指甲放在掌心使劲搓

6. 泡泡真多呀

7. 握住大拇指

8. 一边旋转一边清洗

9. 清洗手背

10. 滑溜溜的

11. 接下来要洗手指缝了

12. 有没有漏洗的地方？

13. 最后清洗手腕

14. 完成了

15. 冲洗干净后用手帕擦干

16. 大家相互拉起手来

图 5-10　正确的洗手方法

这里可能感染的细菌或病毒有"结核菌""风疹（病毒）""流感（病毒）""曲霉菌"等。

④ **"垃圾管理"区域**

安放于养老护理机构内各处的"垃圾箱"存在使垃圾回收护理人员受到感染的危险。另外，患有认知症等的入住者也会发生接触垃圾箱内部等的"不洁行为"。因此，对这些垃圾箱的卫生管理也是非常重要的。

另外，在废弃前堆放并临时保管这些垃圾的房间中也存在使护理人员受到感染的危险。对该区域包括对尿布、有机垃圾等产生的"恶臭"采取措施，进行卫生管理是必须的。在这些区域，很可能受到含有很多细菌的微生物、病毒的感染。

⑤ **"料理、饮食"区域**

在护理机构，这是易于被污染的区域，并且直接关系到入住者的健康，因此此处的环境卫生显得尤为重要。厨房的害虫防治、饮食中毒防治措施、餐桌及桌下地面的清洁管理、饮食结束后食物残渣的处理以及餐具的清洗管理等，每个部分的卫生管理都非常重要。

这里可能感染的细菌或病毒等有"诺如病毒""难辨梭状芽孢杆菌（CD）""病原性大肠菌（O-111及O-157）""军团菌病"等。

4.3 养老护理机构有效的除菌药剂

① **加速过氧化氢（AHP）**

这是一种不仅具有高水平的除菌能力，还具备清洗能力的万能除菌药剂。杀菌后，可迅速分解为"水"和"氧"，对人体完全无害，是非常不错的除菌药剂。对其他除菌药剂无法清除的细菌也有着不错的杀菌效果。可使用于护理机构的木质及塑料地板、地毯、卫生间、浴室洗浴处地板、玻璃等允许用水的所有场所（目前也有雾化或汽化过氧化氢产品，用于空气除菌——编者注）。

② **次氯酸钠**

除了具有氧化作用和漂白作用外，还具备杀菌能力，但不具备清洗能力。这是一种需要谨慎操作的除菌药剂，由于使用时会产生少量氯气，吸入该气体后，有使护理人员和入住者产生黏膜炎症等的危险。与盐酸混合时，会产生大量氯气，会引发死亡事故，因此需要特别注意。

③ **"次氯酸＋次氯酸离子＋氯化钠"碱性水**

将次氯酸钠分解为"次氯酸"和"氯化钠"以去除毒性，使其碱性增强，从而具有强力除菌效果的一种除菌药剂。因为这是每个人体内都存在的物质，因此对人体无害，是一种适用于护理机构等环境的除菌药剂。虽然不具有清洗能力，但除了除菌能力外，还具有超强的除臭效果，可应用于使用水的护理机构的所有场所。

（第 5 章 ●养老机构策划及运营的重点

④ **合成酚（石炭酸）**

从煤焦油分离，或从苯中合成的"合成酚"可杀死含有多种细菌的微生物。尤其具有很强的杀灭"结核菌"的能力，在垃圾堆放处等污染严重的地方可发挥其功效。带有如油画颜料般的特殊气味，具有腐蚀性和毒性，操作时需严加注意。

✎ 主编点评

本章的主笔者是"SAMURAI 首尔国际介护研究所"中川浩彰和"介护环境研究所"金泽善智。执笔前三节的中川先生具有多年日本养老机构研究和运营管理经验，并且还有在中国养老机构工作的经验，所以能够抓住要害问题，并给出解决办法。第四节的养老机构的环境卫生一节由金泽善智老师主笔，尽管本章早在 2020 年新冠疫情爆发之前就已成稿，但是环境卫生和防止感染的问题一直都是养老机构的重点问题之一，新冠疫情爆发后则更需要加强管理，从项目立项策划设计时就要采取应对措施，因为疫情很有可能会持续影响人们的正常生活。

本章第一节所述投入运营之前的项目策划部分非常重要，但在中国往往不被重视，很多项目在新开发时，缺乏整体规划、调研、制定人才招聘及资金运转的项目计划，致使建成、准备开业时才发现还有一大堆问题没有解决，有些问题可以弥补，有些就成为硬伤无法修补而造成终身遗憾及巨大浪费。幸运的是，在我们近些年的实际工作中，遇到更多的投资人意识到这些问题，越来越重视项目前期策划的重要性，赛阳国际强调的"三个前置"（即：运营前置、成本前置、风控前置）逐步得以实施。客户需求调查、雇佣层面的调查、市场调查、支付意愿和支付能力调查等在项目立项前期定位阶段就必须开展。（**图** 5-11）

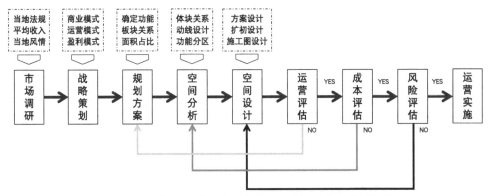

图 5-11　**养老项目"运营、成本、风险"三个维度的评估**

维持高效率运营的几个重点必须认真阅读并贯彻实施，人员配置与人才培养也是养老机构运营中的关键，今后的护理服务并不仅是关心做了什么，而是从提供了具有怎样的附加值、提供了怎样令人满意的服务来进行评估，并通过场景构建解决老年人的痛点。（图 5-12）

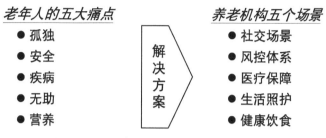

图 5-12　通过场景构建解决老年人的痛点

养老机构的环境卫生和防止感染的问题也往往会被忽视。老年人特别是需要护理的老年人都是易感人群，身体虚弱，稍不注意就会发生大面积感染事故。预防工作必须与第 4 章的建筑设计相呼应，从建筑布局、动线、选材、设备选型入手，还需要考虑一旦发生传染病时的隔离问题。养老机构无小事，每个环节都需要谨慎，防患于未然。

第 6 章 辅助产品及其应用

合理配置辅助产品并有效运用，不仅有助于提高机构使用者的生活自理能力，也可减轻介护劳动强度，从而改善机构工作人员的劳动环境，这对养老机构的经营来说，不失为一种提供高品质服务的有效手段。本章将阐述辅助产品的国际分类、意义和效果，以及日本介护保险范围内的辅助产品供给机制的相关制度。另外，对于种类繁多的辅助产品中最常使用的护理床和轮椅在选择时需考虑的产品要点，将引用芙兰舒床株式会社（江苏芙兰舒床有限公司）与株式会社河村轮椅（漳州立泰医疗康复器械有限公司）提供的资料进行详细说明。

1 辅助产品的国际分类

辅助产品随着社会的发展而不断开发和增加，现在可谓五花八门种类繁多。国际标准化组织 ISO 制定并发行了《残疾人辅助产品——分类和术语》ISO9999：2016（*Assistive products for persons with disability — Classification and terminology*），规定了辅助产品的国际分类标准。在 ISO9999 中，将辅助产品定义为"由残障人士使用的工具、器具、设备和软件，能预防、代偿、监护、减轻或降低损伤、活动受限和参与局限的任何产品，可以包括特别生产的或通用的产品"。

分类以将所有产品编码为前提，10 个主类中包括了分类后的所有辅助产品。分类分为主类、次类、支类三个等级，每个等级指定两位数的编码。表 6-1 是 ISO9999 的概要。详细内容参见 ISO9999 文本。在 ISO9999 中，如，看护轮椅用编码 122103 表示，12 代表主类为个人移动辅助产品，21 代表次类为轮椅，03 代表支类为看护轮椅，这是由主次支三级分类编码组成的编码，即 122103 代表看护轮椅的分类代码。看护轮椅相关所有产品都会被纳入 122103 这个编码。

10 个主类包括：治疗/训练工具、矫形器和假肢、生活自理和防护辅助产品、个人移动辅助产品、家务管理辅助产品、家庭和其他场所使用的家具及其适配件、通信和信息辅助产品、操作物体和器具的辅助产品、用于环境改善工具和工业机器的辅助产品、休闲娱乐辅助产品。各类概念可以整理如下：治疗/训练工具是用于治疗和训练的医疗辅助产品；矫形器和假肢是直接穿戴在身上使用的补充性辅助产品；生活自理和防护辅助产品、个人移动辅助产品、家务管理辅助产品、通信和信息辅助产品、操作物体和器具的辅助产品，休闲娱乐辅助产品则是日常生活中使用的辅助产品；家庭和其他场所使用的家具及其适配件、用于环境改善工具和工业机器的辅助产品则是为改善居住环境所使用的辅助产品（**表 6-1**）。

表 6-1　ISO9999 辅助产品的分类概要

主类编号	主类项目	次类的具体项目（摘录）
03	治疗 / 训练用具	褥疮预防产品、运动 / 肌肉锻炼 / 平衡感训练产品
06	假肢 / 矫形器	体干矫形器、上肢矫形器、下肢矫形器、假肢等
09	生活自理和防护辅助产品	更衣用品、洗手间、洗澡用品、采尿 / 集尿器、整洁用品等
12	移动辅助产品	拐杖、步行器 / 步行车、电动轮椅、普通轮椅、转乘设备 / 升降机、体位变换器等
15	家务管理辅助产品	炊事器具、料理器具、用餐器具、清扫器具等
18	家庭和其他场所使用的家具及其适配件	护理床、座位固定器、楼梯升降机、斜坡板等
21	通信和信息辅助产品	电脑、写字用品、电视 / 摄像机、电话、助听器等
24	操作物体和器具的辅助产品	延伸活动范围的辅助产品、电脑打字辅助产品、环境控制系统等
27	用于环境改善工具和工业机器的辅助产品	（空调等）改善环境用的器具、生产劳动用辅助产品等
30	休闲娱乐辅助产品	运动产品、乐器、摄影产品、手工业产品、家庭园艺产品、野营产品等

2 辅助产品的意义和效果

正如 ISO9999 中所定义的，辅助产品是指缓和乃至消除身心功能低下的老年人及残障人士由于损伤、活动受限和参与局限所带来的不便，帮助他们享受生活和人生的器具、设备或系统。

恰当地使用辅助产品可促进使用者实现自理生活，而在需要介护时也可减轻介护人员的劳动强度。另外，若能有效地使用辅助产品，还可帮助使用者大幅度扩大生活范围，显著促进使用者的社会参与度，对提高使用者的生活质量具有明显效果。

辅助产品一词最早在日本法律中的定义见于 1993 年实施的《促进辅助产品的研究开发及普及的相关法律》（通称：《辅助产品法》）。这项法律将辅助产品定义为，"为由于身心功能下降导致日常生活难以自理的老年人或身心残障人士提供日常生活上的便利设备并帮助他们进行功能训练的设备及辅助器具"。至于该法律的制定背景，一方面辅助产品是为老年人或残障人士的独立生活提供支持所必不可少的，且完善辅助产品的开发与普及的基础建设已成为国家责任中一项亟待解决的问题；另一方面，当时社会上也存在计划从国外引进《介护保险法》的前提基础。按照该法律的规定，在之前称为辅助器械、康复训练器械的设备基础上，又增加了依据残障人士福利制度所提供的各种辅助穿戴用品，并统称为"辅助产品"，从法律制度层面囊括了为老年人或残障人士提供生活援助的所有产品。

辅助产品虽然有望实现如上所述的显著效果，但要促进恰当且有效的使用还需要专业的知识与技术作为支撑。其中最重要的，是结合使用者的身体结构和功能去选择合适的辅助产品，并提供相关知识、技术及实践经验，此外还要具备可以检验辅助产品是否符合使用者的居住环境或生活方式的知识、技术及实践经验。

为什么需要专业的知识、技术及经验呢？接下来我们将以轮椅为例做一个浅显易懂的解释。例如，为身体结构变形并伴随瘫痪的使用者选择合适的轮椅时，需考虑如下几点：

① 需让使用者保持稳定的坐姿；

② 可在轮椅上完成日常生活所必需的各种动作；

③ 若是居住环境影响轮椅行走，则轮椅完全派不上用场，所以为使轮椅得到有效利用，必须考虑改装居住环境或导入转乘设备等其他辅助产品并付诸实施；

④ 有时还应考虑是否需要将习惯的浴缸泡浴改变为仅淋浴的生活方式并予以实施。

因此，在轮椅是否合适、如何选择等方面，不仅需要具备与使用者的身体功能和残疾等相关的专业知识、技术及实践经验，还需具备与辅助产品、住宅改造相关的专业知识、技术及实践经验。毋庸置疑，以上内容同样适用于除轮椅以外的所有辅助产品，在选择适合的辅助产品中是必不可少的。

在日本，根据《介护保险法》开始执行以辅助产品的出租为主体的供给制度，同时还引进了辅助产品专业咨询员制度，以正确普及辅助产品。

❸ 日本介护保险制度范围内的辅助产品

介护保险范围内的辅助产品是从众多老年人广泛使用且有共通性的产品中，按照以下两个原则选出并指定的：①有助于提高老年人自理能力的设备；②有助于减轻介护负担的设备。针对减轻介护负担这一点，从提高介护质量的角度出发，指定的是可减轻对介护人员造成过度身体负担和精神负担的产品。可减轻过度身体负担的产品有用于转乘的转乘升降机，可减轻过度精神负担的产品有用于排泄的自动排泄处理装置及用于感应认知症老人徘徊的徘徊感应器，这些都被指定为介护保险范围内的辅助产品。

虽然供给制度的主体形式为出租方式，但与身体直接接触使用的辅助产品，如排泄、沐浴等，由于不适用出租方式，因此以销售形式提供。而以出租方式为主体的理由，是为了在有限的保险资源中实现一种兼备高效性和公益性的制度。

目前，介护保险范围内的辅助产品中，可出租产品确定为以下 13 种（**图** 6-1）。

① 轮椅　　　　　　② 轮椅附件　　　　　③ 特殊床铺

④ 特殊床铺附件　　⑤ 防褥疮工具　　　　⑥ 体位变换器

⑦ 扶手　　　　　　⑧ 坡道　　　　　　　⑨ 步行器

⑩ 步行辅助拐杖　　⑪ 认知症老人徘徊感应器　⑫ 转乘升降机

⑬ 自动排泄处理装置

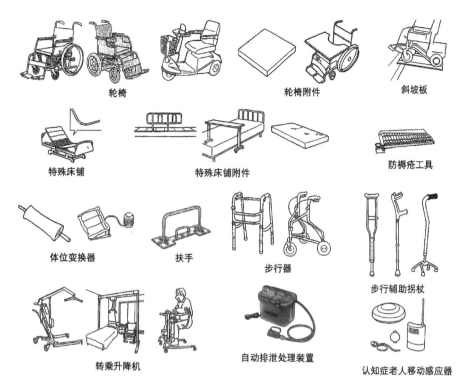

图 6-1　介护保险范围内福利设备（出租）

另外，将以下 5 种确定为可销售的辅助产品（**图 6-2**）。

① 挂腰式坐便器　　② 自动排泄处理装置的更换部件

③ 沐浴辅助设备　　④ 简易浴池　　　⑤ 转乘升降机吊具

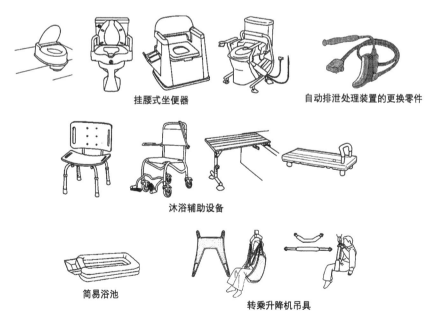

图 6-2　介护保险范围内福利设备（销售）

基于介护保险的辅助产品的出租供给制度具有以下优点：一是使用者可以以较轻的经济负担（目前保险原则上负担一成，未来可能变更为负担两成）快速获取所需的产品；二是根据需求量生产，从而活跃市场，并促进产业化。另一方面，缺点也是存在的。由于以出租形式供给的辅助产品容易被限定为即成品，难免造成并非让产品符合使用者，而是使用者要适应产品的情况，若不能形成多样化的出租市场，要想取得辅助产品与使用者之间的完全契合是有一定难度的。

日本厚生劳动省附属机构中的公益财团技术性援助协会在 TAIS [注1] 信息系统中登记并公开了辅助产品。TAIS 中目前登记并公开了大约 13 000 种的辅助产品，可在保险范围内上加贴"出租"或"销售"的标记来识别是否为保险范围内产品。

4 电动护理床

4.1 电动床的使命、必要性、优点

① 舒适性

· 床最重要的使命，莫过于具有舒适的睡眠体验。这也是作为寝具，需考虑的第一要素；

· 对此，床主体的功能尚在其次，床垫的性能，即软硬度、体压分散性、透气性等对其影响更大；

· 由此看来，寝具不仅仅包含床主体，还应包含床垫；

· 选择硬质或软质的床垫往往受使用者的主观判断因素影响更大，但从预防褥疮的角度出发，有必要将体压分散性作为判断的重要因素考虑。

② 离床动作

· 床的第二项使命是离床动作。离床动作可拆解成翻身、坐起、端坐到离床站立；

· 床作为睡眠休憩之所，在睡眠以外的时间，肩负着帮助使用者离开床，在客厅、餐厅保持日常生活方式生活的使命；

· 需要确认床垫的硬度是否便于完成翻身、保持坐姿、离床站立等动作。如，辅助完成离床动作时，需要综合考虑离床动作和床及床垫的功能是否适合。

③ 床上动作

· 第三项使命是床上动作。床上动作指在床上就餐、擦拭、排泄等生活动作。主要对象是因患病而长期卧床者；

· 需要细致贴心地考虑如何提高长期卧床者的生活舒适性，如何便于照护，并提供正确的照护方法。

注 1　TAIS：http://www.techno-aids.or.jp/system/

4.2 护理床的功能（图 6-3）

① **背部上抬功能**

· 背部床板一般可上抬至 70°～ 75°角；

· 自己起床困难时，可利用此功能，辅助坐起。

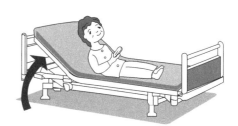

② **腿部上抬功能**

· 一般分为仅膝部上抬或小腿部水平上抬两种模式；

· 背部上抬时，两种模式均可防止体位向脚侧滑移；

· 就寝时，利用小腿部水平上抬功能，略微抬高下肢，可使腿部充分放松，达到血液回流的目的，促进血液循环。腿部和脚部的血液循环回流到肺部和心脏，使肺部和心脏得到充足的氧气，促使腿部和脚部的静脉血液循环活跃起来。

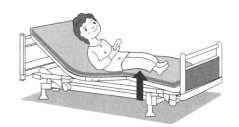

③ **整床升降功能**

· 为了便于使用者站立、稳定保持端坐位，整床高度调至与使用者下肢等长，或调至便于照护的高度；

· 对于使用者而言，易于站立、易于移乘的高度是指就座时脚后跟可着地的高度。但对于照护者而言，不需弯腰的舒适照护高度约为 60cm；

· 整床升降的方式有垂直升降或弧线升降方式；

· 搭配使用护栏、扶手，则更易于站立。

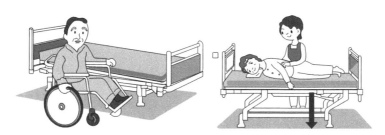

图 6-3 护理床的功能

4.3 护理床的构造（图 6-4）

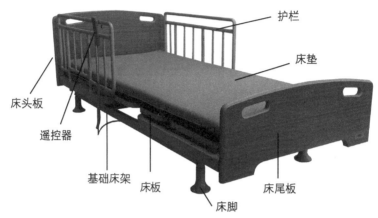

图 6-4　护理床的构造

① **基础床架**

· 床主体的支撑部分，整床升降时基础床架不会升降；

· 基础床架下的高度，直接影响到地面行走式移位机等器械的脚部是否可以伸入。

② **床板**

· 床板的分段数量、长度、材质多种多样。通过长期实践并逐步改善，现已综合考虑了背部上抬时贴合人体曲线，减少体位滑移及压迫感等因素；

· 床板的分段数量，一般分为 4 段、5 段及波浪形（**图** 6-5）；

图 6-5　床板的分段数量

· 材质有钢丝网状床板、塑料床板、钢板床板、木制床板等（**图** 6-6）；

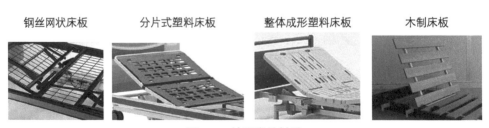

图 6-6　护理床的材质

· 床垫下侧，有时会因汗渍的湿气而滋生霉菌，所以床板的透气性也需考虑。

③ 床头尾板、床尾板

· 使用者有时会通过手握床头板或床尾板助力行走。照护者有时需要卸下床头、尾板，以便进行更换失禁垫或帮助使用者移位等照护动作。

因此，床头尾板的造型是否易于抓握、易于取卸等细节，都是关系到安全性和便捷性的重要事项（**图** 6-7）。

图 6-7　床头尾板的造型细节

4.4 护理床的安全对策

① 护栏的卡入事故

· 护理床使用时引发的事故，多见于护栏的卡入事故。

也发生过多起因头、手卡入护栏间的间隙或护栏与床头尾板间的间隙而导致受伤，甚至造成死亡的事件。因此日本工业标准"JIS 标准"明确规定：护栏与护栏的间隙须小于 60mm 或大于 235mm，在以上规定外的间隙易发生身体意外卡入而造成事故（**图** 6-8）。

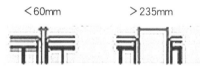

注：数据依据
　60mm：女性的颈部宽度79mm压缩25%后的尺寸；
　235mm：男性成人的下颌到头顶的距离。

护栏间隙不合适易发生卡入事故

改良后护栏配置效果图

各部件间隙严格按照JIS标准

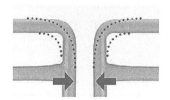

护栏边角改为难以卡入的造型
（虚线为原造型，间隙上方弧度大，易卡入）

图 6-8　护栏的安全要求

② **背部上抬或整床升降时的夹伤事故**

·背部上抬或整床升降时的身体夹伤事故也易发生；

·除了床主体的安全对策外，使用时的安全注意事项等也是至关重要的。

电动护理床安全注意事项

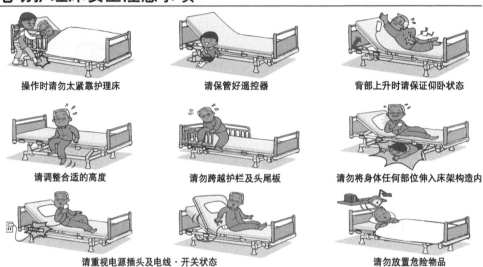

操作时请勿太紧靠护理床　　　请保管好遥控器　　　背部上升时请保证仰卧状态

请调整合适的高度　　　请勿跨越护栏及头尾板　　　请勿将身体任何部位伸入床架构造内

请重视电源插头及电线·开关状态　　　请勿放置危险物品

护栏安全注意事项

请注意被护栏类物品夹到等危险
由于被护理人员的身心状态及使用环境的不同，护栏等物品的间距间隙可能会夹到身体某个部位造成压迫，给身体带来伤害甚至危及生命。必须足够重视。注意不要发生以下或类似的被间距间隙夹住身体部位（特别是头部及颈部）

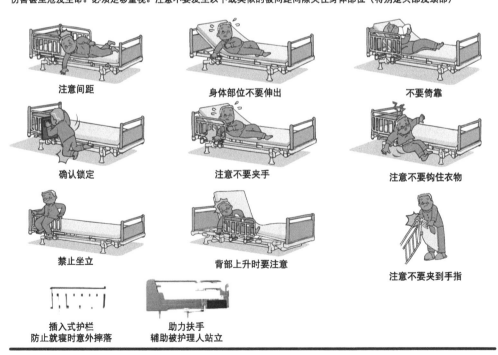

注意间距　　　身体部位不要伸出　　　不要倚靠

确认锁定　　　注意不要夹手　　　注意不要钩住衣物

禁止坐立　　　背部上升时要注意　　　注意不要夹到手指

插入式护栏　　　助力扶手
防止就寝时意外摔落　　　辅助被护理人站立

4.5 不同功能的护理床

① 功能型

·电动调节功能

3 马达 4 功能（**图** 6-9）

背部上抬　腿部上抬

背腿联动　整床升降

图 6-9　3 马达 4 功能型护理床

·整床高低升降的构造

低床位设计，防止熟睡中的使用者不慎摔落受伤

——更安全

流畅的升降功能　——辅助自立、减轻照护负担

从低床位到舒适护理高度的顺畅升降，根据使用者和护理者的不同需要进行调整，使用和护理更加便捷。

床边中央无床架设计

·床边中央的无床架设计

床侧边中央的无边框构造，腿可轻松后收，便于离床站立。

床侧两边预留插孔，可插入护栏、助力扶手，辅助自立完成离床站立动作。

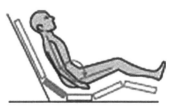

床板五段分构造

·舒适的床板，床的重要组成部分

背部上抬、腿部上抬、整床升降可根据需要分别单独电动控制。

床板 5 段分构造，背部的弱 C 形构造，贴合头部、背部、臀部、腿部的自然曲线，舒适而有力地支撑。

·床头、尾板易握孔设计

易于抓握、易于取卸。

床头、尾板易握孔设计

② **家居过渡型**

这样一款家居电动床既有效解决了起床困难等老龄问题，舒适的家居风格又保持了居家的氛围（**图** 6-10）。

但因未搭载电动整床升降功能，床体安装后高度固定。

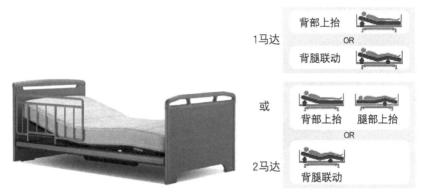

图 6-10　家居过渡型电动护理床

③ **高档家居功能型（图 6-11）**

图 6-11　高档家居功能型护理床

· **3 马达配置，功能更全面**

在 2 马达家居床的基础上，增加电动整床升降功能，坐于床边时可通过遥控器调整床体高度，使双脚脚掌稳稳地着地，稳定坐姿，保持平衡。床体高度可在低床位与照护高度间自由升降调节，体格小的使用者也可安心使用。

· **上乘的品质，优雅的家居风格设计**

舒适典雅的家居风格，配以电动功能，追求品质和设计的双重享受。值得信赖的品质和精练的设计完美配合，细节部分也完美呈现。

从营造室内明亮色调的简洁时尚款，到打造舒适优雅空间的古典款，多种款式可供选择（**图** 6-12）。

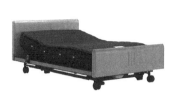

图 6-12　不同款式的高档家居型护理床

· **高舒适感**

舒适的电动调节床，功能性自不必说，品质及款式都追求至上。

不同床型适配 97cm 宽和 122cm 宽两种不同尺寸的床垫，翻身余地更大。

顺应人体曲线的床板构造，无论是坐起时，还是就寝时，都给头、背部整体依托（图 6-13）。

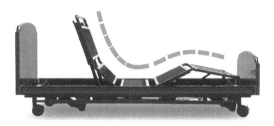

遥控器简单操作，实现在床上读书、看电视、睡眠的所有场景都保持最舒适的姿势。

图 6-13　顺应人体曲线的床板构造

④ **手摇兼用型（图 6-14）**

图 6-14　手摇兼用型护理床

· **停电时手摇操作（图 6-15）**

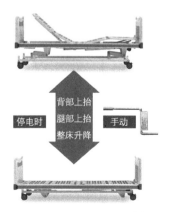

停电等特殊情况时可以通过手摇方式操作各项电动功能。
即使停电也可操作，更安心。

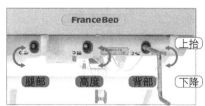

图 6-15　具备手摇功能

· **易握式床头、尾板**

　　作为医院用床，采用坚固耐用材质的可拆卸床头床尾，便于消毒清洗，易握孔的设计，更易操作。

· **静音双轮脚轮**

静音带刹车双轮脚轮，轻巧便捷；毛发等杂物不易卷入，更能轻松跨越电梯等的高低段差。

· **中控刹车脚踏板**

　　一脚控制 4 个脚轮，床体移动更轻松。

· **遥控器安全锁功能**

遥控器锁定功能，防止误操作。

⑤　**超低位型**

优点 1：超低床位 110mm；一切为了疗养者的安全（图 6-16）。

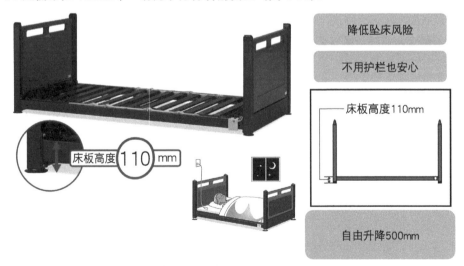

床板高度 110mm

降低坠床风险

不用护栏也安心

自由升降500mm

图 6-16　超低位型护理床最低床板高度 110mm

优点 2：最高可升至 610mm ；预防照护者腰痛（图 6-17）。

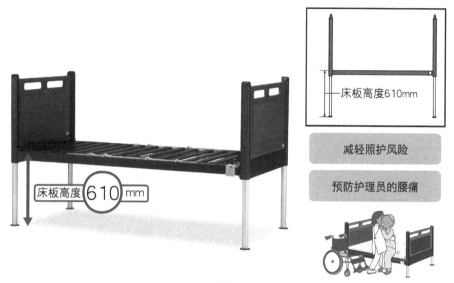

图 6-17   可升高床板至 610mm 的设计

带整体升降功能的护理床一般为低床位设计，床架面距地面低于 300mm，虽然已经大大降低了坠床造成的摔伤风险，但对于部分特殊人群，仍有安全隐患。

为此，日本一直在追求超低位。这款日本最低的超低床，无疑是认知障碍等需特别照护的长者的福音。超低床位，即使坠床也无需担心受伤的风险，同时可以根据使用者和照护者各自的需要，进行高低升降操作，辅助离床站立、减轻照护人员的肩、腰部负担。

优点 3：不影响移位机、床边桌的配合使用（图 6-18）。

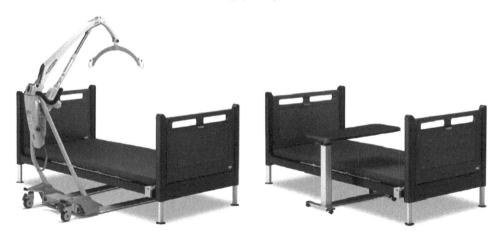

图 6-18   配合移位机、床边桌的使用

优点 4：3 马达配置（图 6-19）。

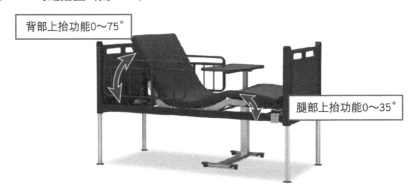

背部上抬功能0～75°

腿部上抬功能0～35°

图 6-19　多部位升降功能

优点 5：可配置专用脚轮（图 6-20）。

图 6-20　可配置脚轮设计

4.6　护理床附属品

① 护栏、助力扶手

- 护栏和助力扶手起到了防止被褥等床品下滑，防止使用者坠床，并在使用者翻身、起床时起到辅助助力作用（**图 6-21**）；
- 部分床型的护栏固定于床板上，背部上升时护栏会同步移动，不会发生夹伤事故；
- 插入式护栏，便于取卸，根据使用需要，也可与助力扶手互换，从端坐位完成离床站立时，稳稳助力。

助力扶手　　　　　插入式护栏

图 6-21　可配置护栏、助力扶手

·助力扶手

使用者离床站立、移乘时有效助力，轻松营造自立环境，并可作为身体依托，提升安全性。并可根据需要多角度调节（**图 6-22**）。

▷ 解锁按钮
  按钮设计，防止衣物等被钩住。
▷ 棕色缓冲区
  膝部助力，更便于自立站立。即使腿不小心撞到时，也起到缓冲作用，防止受伤。

间隙最小化
易发生卡入事故的护栏间隙最小化，更安心。

图 6-22　助力扶手的功能

·折叠护栏

在使用者无需护栏时可立即折叠，无需取下，操作方便（**图 6-23**）。

图 6-23　折叠护栏的操作

② **床边桌**

·床边桌根据形态分为桌板型、门型、C 字型等（**图 6-24**）；

桌板型　　　　　　　　　门型　　　　　　　　C 字型

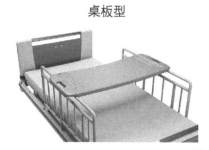

图 6-24　床边桌的分类

桌板型是将桌板搁置于两侧护栏上，此种高度无法调节；

门型床边桌的两侧桌脚带脚轮，高度可调节。但如果床宽大于桌脚宽，则不可使用；

C 字型床边桌一般可调整高度，桌脚也可伸入床下使用。端坐位时也可使用。但是，因为不是两侧支撑，所以不能放置过重的物体。

·床边桌的安全设计（**图6-25**、**图6-26**）

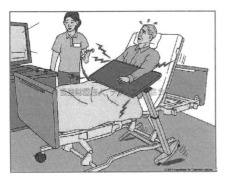

图6-25 床边桌的夹伤事故
床面上升时，如果床边桌没有移开，则会发生身体或床本身抵触到床边桌，造成使用者受伤、床边桌损坏的事件。

图6-26 床边桌细致的人性化、安全设计
床面上升时，万一身体或床本身抵触到床边桌，床边桌桌板会自动顺畅上升，有效防止使用者身体受挤压而受到伤害，非常安全。

③ **滑移板、滑移布**

·滑移板具有将移乘者保持坐姿的状态进行移乘的功能（**图6-27**）。

材质选用有弹性并且易于滑动的聚乙烯板，在床和轮椅间搭桥，使腰部可以平稳移乘。

图6-27 滑移板及其使用

·滑移布用柔软的滑移面料，制成筒状，筒内侧加入特殊加工的易于滑移的面料。使用者躺于平铺开的滑移布上，作为移位时的辅助器具来使用（**图6-28**）。

滑移布上侧施以横向的外力后，利用整体滑向筒壁方向的特性，将移乘者的体位尽可能地移至易移乘的位置。

图6-28 滑移布

特制三层滑移布，滑移效果倍增，更轻松。

④ **床垫**

· 床垫的重要功能是保证睡眠舒适性。所以选择舒适的软硬度、透气性等很重要。

· 长时间卧床者，需考虑预防褥疮，应挑选体压分散效果好的床垫。

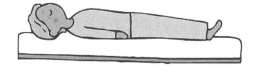

为了防止体压集中于一处，应选择体压分散效果好的床垫。

体压分散效果好的床垫　　　　　　　**体压分散效果弱的床垫**

　　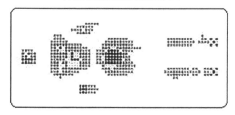

体压分散　　　　　　　　　　　　　　**局部体压集中**

· 床垫除保证睡眠舒适性以外，翻身的便利性、起床的便利性、端坐位的稳定性也很重要；优先考虑挑选离床或坐于床边时，不易下陷、易于站立的硬质床垫（**图** 6-29）。

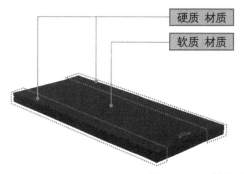

硬质 材质

软质 材质

图 6-29　**床垫软硬材质选择**

床垫两侧边采用硬质材质，防止床垫边侧塌陷，易于站立，还可防止使用者端坐床边时发生下滑的意外情况。

· 背部上抬、腿部上抬时与床板的贴合性也很重要。

· 床垫的材质有海绵、纤维、弹簧、气垫等。

· 海绵床垫除有透气增强款、防水加工款以外，还有与慢回弹海绵组合，分散体压的产品，等等。

●防褥疮慢回弹海绵床垫（图6-30、图6-31）

人体容易滋生褥疮的部位是骨骼突出的部位。

（背部）肩胛骨　（臀部）骶骨　　（脚部）跟骨

图6-30　睡眠时人体骨骼压力分布

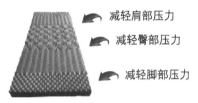

减轻肩部压力

减轻臀部压力

减轻脚部压力

床垫表层采用聚氨酯慢回弹海绵，加以独特的切割工艺，有效分散体压。

图6-31　防褥疮慢回弹海绵床垫

●减腹压滑动床垫（图6-32）

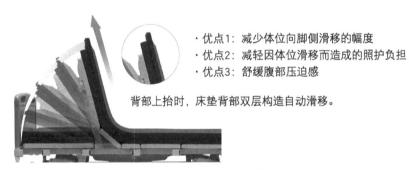

· 优点1：减少体位向脚侧滑移的幅度
· 优点2：减轻因体位滑移而造成的照护负担
· 优点3：舒缓腹部压迫感

背部上抬时，床垫背部双层构造自动滑移。

图6-32　减腹压滑动床垫

一般床垫

背部上抬时，体位易向床尾滑移，卧床者感觉不适；为了纠正体位，需调整坐姿。

背部上抬

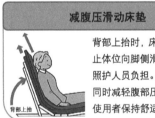

减腹压滑动床垫

背部上抬时，床垫上移，防止体位向脚侧滑移；减轻了照护人员负担。

同时减轻腹部压迫感，帮助使用者保持舒适坐姿。

背部上抬

●护理床用弹簧床垫（图6-33）

弹簧床垫具有很好的睡眠舒适感，但有时难以贴合床板、很好地实现背部上抬、腿部上抬的功能。部分双层构造的弹簧床垫，在舒适的基础上，背部上抬时床板贴合弯曲性也好，还有减轻腹部压迫感的功能。

一般家居床用弹簧床垫，无法贴合电动床床架弯曲。

高密度连续弹簧的构造，有高透气性和良好的支撑性，减少了床垫局部塌陷变形的现象，实现了舒适度与功能性的双重享受。

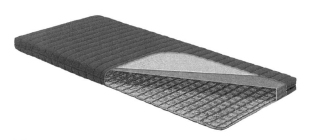

高密度连续弹簧

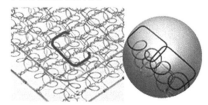

采用具有卓越体压分散性能的双层高密度
连续弹簧，兼顾舒适度和耐久性。

图 6-33 护理床用弹簧床垫

●多功能纤维床垫（图 6-34）

·纤维床垫易于清洗和消毒，持久耐用，更适合于租赁业务用。

·使用高性能聚酯材料，独特的纤维构造，无论是在弹性、耐久性，还是在透气性方面，都
远远高于普通床垫。

·外包面料抑菌加工处理，抑制杂菌繁殖，防止异味的产生。

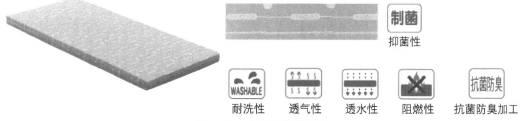

图 6-34 多功能纤维床垫

优点 1：弹性

强韧柔软的构造，柔软地应对来自全方位的压力。立体交织的弹簧构造，由聚酯短纤维立
体性地交错构成，并且其交错点状态稳定。因此，比起原来的无纺布或硬质棉材质，纤维的关
联性更强、更柔软。受到任何方向的外力时，都能柔软应对，拉伸或压缩时也都展现出柔软的
弹性（图 6-35）。

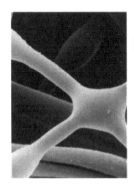

由两种纤维立体缠绕结合的立体交织弹簧构造，柔软、稳定，展现出超群的强韧性、高弹性、高回复性、高耐久性。

图 6-35　高性能聚酯材料具有高弹性（显微镜下的构造照片）

优点 2：透气性

立体构造，湿气快速扩散。

立体交织弹簧构造，为空气、湿气的流通留有充足的缝隙，并且，以合适的硬度，保持着适度的受压抵抗力，即使床垫上有人或物，仍可继续保持立体构造的缝隙，透气性和散湿性优异，拥有此款床垫独有的舒适性。

纤维立体交错构成，空气、湿气易从纤维缝隙穿过（**图 6-36**）。

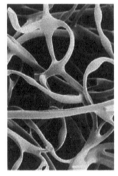

图 6-36　高性能聚酯材料立体构造透气好（显微镜下的构造照片）

优点 3：耐久性

强韧柔软的构造，不易塌陷，弹性持久。

立体交织弹簧构造，以伸缩性优越的弹力带聚合物材质保持着稳定的交错状态，受到外来压力时，交织点也不易劣化，长期保持原有的形态和弹性（**图 6-37**）。

多功能纤维床垫　　　　　一般硬质棉　　　　　一般硬质棉

图 6-37　多功能纤维床垫优越的耐久性

优点 4：安全性

100% 聚酯材质，即使是强制燃烧条件下，也不会产生有毒气体，将受害范围控制到最小，使用后的报废处理也安心、安全。

优点 5：环保性

100% 的聚酯可再生环保材料，使用后可再生、反复利用，环保，经济。

●防褥疮气垫

对于长时间卧床者而言，预防褥疮无疑是重中之重。

这样一款高功能的复合型气垫，有自动调节功能，不仅减轻照护负担，操作也更简便。功能有预防褥疮、轻度、重度之分，可根据症状的变化而调节。异常情况时，以光和声音来进行警示，停电时预防漏气，提高了安全性。

优点 1：从预防褥疮到重度的全程适配功能（图 6-38）

状态易发生变化的临终关怀时也适用。

上层 48 根小气管舒适分散体压，下层 24 根气管有效支撑身体，防止过度下陷。

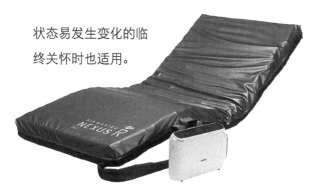

图 6-38　防褥疮气垫的高功能

优点 2：简单操作即可完成自动设定、调整的自动功能（图 6-39）

简便模式（自动）

搭载简便模式，40 ～ 60kg 的使用者只需按下电源键，即可安全使用。

抬背感应功能（自动）

床垫内置的角度感应器感知背部上抬角度。根据不同角度条件，可自动调整为最舒适的床垫内压和运动方式。

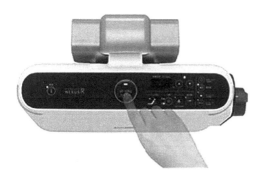
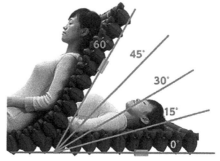

图 6-39　优越的自动设定、调整功能

温度、湿度调节功能（自动）

降低气垫内的温度和湿度，去除湿热。根据个人感官差别和季节的不同，有强、弱两档可调节。

快速硬度模式

切换静止状态，改为正常的 2 倍硬度。调节至此模式后约 3 分钟，切换为快速硬度模式。

1 小时后自动关闭模式，回归原有模式，不必担心忘了关闭而一直处于此模式。

微波动模式

为了解除压力切换的不适感，调整为柔性波动的功能。

优点 3：安全功能

警示功能

独特设计，搭载警示灯光和警示音功能。动作状态一目了然，异常状态时以红色警示灯和警报声来提示（**图** 6-40）。

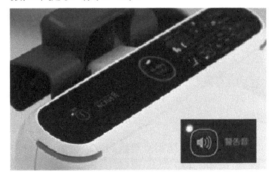

图 6-40　警示灯光和警示音功能

停电时防漏气功能（自动）

停电时，可保持约 14 天的气管内压。

自带恢复前一次设定的功能（**图** 6-41）。

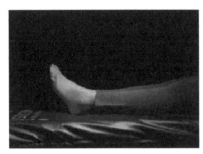

图 6-41　防漏气功能

5 轮椅基础知识

5.1 轮椅的定义

　　轮椅是康复的重要工具，它不仅是肢体残疾人及老年人的代步工具，更重要的是使他们能借助于轮椅进行身体锻炼和参与社会活动。普通轮椅一般由车架、车轮、刹车装置及座靠四部分组成。

5.2 轮椅的种类

●按驱动方式分：手动轮椅和电动轮椅。

●按是否需要护理分：自走型和护理型。

●手动轮椅按功能分：标准型、多功能型、躺靠型、特殊型，见**表 6-2**、**表 6-3**。

表 6-2　按功能分类的轮椅

1．标准型轮椅	2．多功能型轮椅	3．躺靠型轮椅
两手操作后轮的扶手圈驱动轮椅	可以调整车轮的位置、座宽，座深、扶手高度、座位、脚靠管，扶手可上掀或拆卸	带有躺背功能的轮椅

4．特殊型轮椅			
根据使用者的特殊要求而设计的轮椅，如旅行、步行、室内、沐浴、运动等			
旅行轮椅	步行轮椅	室内轮椅	沐浴轮椅

根据使用者的身体，生活状况等，将各种各样的功能和配件选择组合使用，制作出最适合使用者状态的轮椅。

表 6-3　各种功能轮椅及适合使用人群

功能名称		说明	适合使用人群
低床型		●低座面，一般在 40cm 以下	●适合用脚滑行的人
办公桌型		●曲线型扶手，可以很好地收入桌面下	●适合在桌子上作业量大的人群
可拆卸式扶手 上掀式扶手 横开式扶手		●扶手可取下，可向后上掀，可横向打开	●适合从旁边移乘多的人群
上抬式脚靠管		●脚靠管可抬起变换角度	●适合膝盖不能弯曲的人群
外旋式脚靠管		●脚靠管可开闭	●适合从前方移乘多的人群
适合调节座位		●靠背的调整带可以拉伸调整	●适合背部弯曲，驼背的人群

5.3 轮椅各部件的名称及用途（图 6-42、表 6-4、表 6-5）

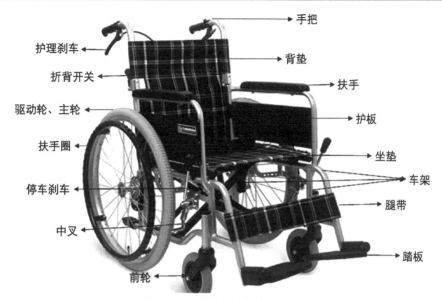

图 6-42　轮椅各部件位置示意

表 6-4　轮椅各部件名称及用途

部件名称	用途
1．车架	支撑整台轮椅的骨架部分
2．中叉	使轮椅可以收合、折叠
3．驱动轮、主轮	使轮椅前进或者后退时使用
4．扶手圈	用于自走型时的手动驱动（只用于自走型）
5．前轮	能自由改变方向的车轮
6．踏板	放置脚的地方
7．腿带	支撑腿部使其不会往后滑落
8．坐垫	使用者乘坐的地方
9．背垫	使用者靠背的地方
10．护板	防止衣物等卷进车轮
11．扶手	使用者手部放置之处
12．手把	护理人员使用轮椅车时的手握部位
13．折背开关	背部折叠时使用
14．停车刹车	轮椅车停车、刹车时使用
15．护理刹车	护理人员在行走中调节速度及停车所用

表 6-5　轮椅配件选择及其作用

选择	说明	作用·适合使用人群
刹车延杆	●延长刹车手把长度的杆	●手难以够到停车刹车或者难以着力时使用
厚坐垫	●防止坐疮，能长时间保持安定的坐姿	●适合长时间使用轮椅的人群
脚跟护带	●支撑脚后跟的靠带	●防止脚后跟从脚踏板后方滑落
脚尖护带	●保护脚尖的护带	●防止脚尖从脚踏板前方滑落
输液支架	●悬挂点滴液药瓶的支架	●需要打点滴的时候使用
氧气瓶架	●放置氧气瓶的架台	●携带氧气瓶时使用
脚踏式刹车	●护理人员用脚刹车时使用	●使护理人员刹车更简便
防止翻倒延杆	●轮椅后方防止翻倒用的配件	●后轮的位置比通常靠前时，为防止轮椅的重心靠后引起翻倒事故而安装的配件
延伸靠背	●支持头部的配件	●适合头部无法保持固定姿势的人群
轮胎上护板	●安装在轮胎上面的配件	●防止轮胎附着泥土等污垢
轮胎侧护板	●安装软胎内侧面的配件	●防止手指等卷入车胎
新型软胎	●弹性良好的不爆胎	●无需补充空气
加宽型轮胎	●无需充气的不爆胎	●室内专用
软胎	●弹性良好的不爆胎	—
空气胎	●充气轮胎	—

5.4 选购轮椅的流程

轮椅是与身体障碍者生活密切相关的用品。

根据个人的体型、身体机能和周围的环境来选择轮椅是非常重要的。

步骤 1．了解状况

- ●什么情况下使用轮椅？确认想要轮椅的理由。

步骤 2．制定方针

- ●使用轮椅的目的是什么？
- ●确认本人和家庭护理人员的身体状况、居住环境、护理条件及购买轮椅的费用等。

步骤 3．有针对性地整理出问题点

- ●明白使用轮椅后，生活中的哪些问题可以得到解决，哪些仍然解决不了。
- ●解决不了的问题，请务必考虑轮椅以外的解决方法。

步骤 4．决定类型

- ●在之前思考的方针的基础上决定轮椅的类型，同时必须了解身体机能的相关知识、轮椅的相关知识、法律法规的相关知识以及市场上销售轮椅的相关知识。在详细调查过后再决定要购买的轮椅类型。

步骤 5．挑选轮椅

- ●各种轮椅具有各种不同的特点，选择什么类型的轮椅，取决于轮椅自身的功能。
- ●学习轮椅尺寸的测量方法。

步骤 6．确定合适的轮椅

- ●学习轮椅的使用方法。

步骤 7．实际效果确认

- ●乘坐、行走是否有问题？

5.5 轮椅的应用

自走用轮椅

对于卧床不起、闭居和认知症人群，适度的
运动和与人交谈会有很好的效果。
应尽可能地行走。
疲劳的时候使用轮椅。

<使用自走用轮椅>

●不需要依赖护理人员，自理能力慢慢增强。

　如，移动、改变方向、移乘等。

●拓宽使用者的行动范围，减轻护理人员的
　负担。

　如，乘坐轮椅前往附近的超市，在家人的
　帮助下回家等。

●腰痛和膝盖疼痛的患者也能自己操作轮椅。

护理用轮椅

乘坐着轮椅出门购物。
到达店门口后可试着步行进去购物。
乘坐轮椅到日间护理制度中心，在中心里
试着步行。

<使用护理用轮椅>

"累了可以使用轮椅"靠着这种安心感，
能步行更远一点的距离。
如"在家里步行虽然很放心，但是出门步
行就……"抛弃这些顾虑，安心地外出。

●减轻护理人员的负担。

　如，不必再为移动等护理而费心。

●比自走用轮椅轻便，更容易携带搬运。

　如，携带轮椅参加家庭聚会等。

●使用适合调节型靠背的话，可以变换坐
　姿，放松心情。

　如，白天可以在阴凉的地方放松休息。

附护理刹车的自走用轮椅
在护理刹车的帮助下能更
好地进行护理。

六轮驱动轮椅
在室内、走廊里也可以很
好地转身的轮椅。

步行轮椅
轮椅不仅可以作为乘坐的
工具，也可作为步行的工
具，可以毫无顾虑地尽量
步行……
如果累了就当轮椅使用。

低床式轮椅
·可以用脚滑行；
·对腰痛和膝盖疼痛的患
　者，可以减轻腰、膝的
　疼痛，操作更简易；
·单手，单脚行动不方便
　的人群，可以用健全的
　手、脚进行操作。

简易轮椅
携带方便。
适合旅行或短途出门。

5.6 轮椅尺寸、测量方法（图 6-43、图 6-44、表 6-6）

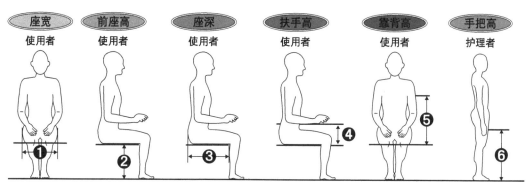

图 6-43　轮椅尺寸测量方法示意

表 6-6　轮椅各部位尺寸标准及影响事项

部分	尺寸标准	影响事项 （对驱动、坐姿、移乘、环境的影响）
座宽 ❶	●臀部的宽度 **＋3～5cm** ＊考虑着装的厚度来选择坐垫	太宽：身体离扶手圈太远，驱动会变得困难；而 　　　且臀部容易向旁边移动影响坐姿；但是容 　　　易移乘 太窄：驱动容易；易保持坐姿，但是乘坐不舒 　　　适；不容易移乘
前座高 ❷	●膝盖下面到脚后跟 **＋5～8cm** ＊用脚滑行的情况下＋0～2cm	太高：上下轮椅不方便，容易发生危险 太低：膝盖上浮，双脚容易打开，臀部容易向前 　　　移位
座深 ❸	●膝盖内侧到臀部后部 **－3～7cm**	太长：会压迫到膝盖，且臀部接触不到靠背，不 　　　仅容易滑坐，疲劳，时间长会造成驼背 太短：不易保持坐姿。而且压力集中到臀部，造 　　　成疼痛
扶手高 ❹	●手肘水平弯曲时座面到手肘的高度 **＋3～5cm** ＊扶着扶手站立移乘的人，要选择适宜动 　作的高度 ＊应考虑海绵的厚度和柔软度来进行选择	太高：手肘靠在扶手上时肩要抬起，容易疲劳， 　　　肩膀酸痛 太低：为保持前腕部的稳定姿势必须施加力，容 　　　易疲劳，不易保持坐姿，时间长容易造成 　　　驼背
靠背高 ❺	●座面到腋下的高度 **－5～8cm**	太低：为保持身体平衡容易滑坐，长时间后会造 　　　成驼背 太高：驱动大轮时，比较费力

139

表 6-6　轮椅各部位尺寸标准及影响事项（续）

部分	尺寸标准	影响内容 （对驱动、坐姿、移乘、环境的影响）
手把高 **6**	● （护理人员）虎口到地面的距离 **＋0～5cm**	太高：驱动时更费力 太低：会导致护理人员腰部酸痛
靠背角度	●一般在 **90～95°** 角之间	角度太小：身体往前倾，乘坐不舒服，易疲劳 角度太大：臀部容易往前移，驱动费力 备注：脊椎变形的使用者，最好选择调节型靠背
腿靠管长	●一般比小脚长度短 **2.5cm** 左右 ＊考虑坐垫的厚度来选择	太长：膝盖下垂，压迫到大腿根部，驱动时容易向前倾滑 太短：容易造成股关节弯曲，膝盖上抬，导致大腿接触不到座位，从而使压力都集中到臀部上，膝盖不稳定。并且容易向前移位
脚踏板高度	●距离地面 **5cm** 以上	太低：当遇到石子或者凹凸不平的地方时，不易跨越，紧急刹车会带来危险
驱动轮直径	●一般在 **45～61cm** ＊需要参考身体大小和上肢力量来选择	大直径：乘坐舒适，容易跨越台阶，一般在室外使用会选择 小直径：旋转半径小，适合在空间狭小的地方使用，如在室内使用
前轮直径	●一般选择 **10～18cm**	大直径的前轮：行走时受到的阻力较小，但重量也增加了，并且容易碰到脚 小直径的前轮：重量减轻了，但行走阻力较大

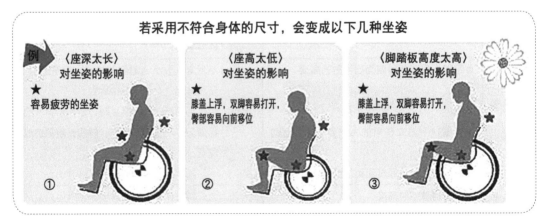

图 6-44　不合适的尺寸会影响坐姿

●移乘 1　自行站立移乘

　　自行从座位站起，以站立或半坐的姿势移乘。站起时抓住扶手或栏杆。也需要用上肢进行支撑（图 6-45）。

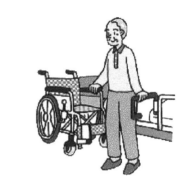

移乘方法和顺序

　　两脚或单脚支撑体重。从移乘开始到移乘结束，如果没有辅助，保持站立的能力是必要的。从轮椅转移到床、椅子、便器等时，希望能安全完成以下动作。

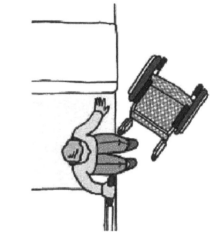

　　①　将轮椅靠近目的地；

　　②　固定轮椅的位置，启动刹车；

　　③　抬起脚踏板，把脚放到地面；

　　④　站立；

　　⑤　以脚为中心转过身体；

　　⑥　坐到目的地。

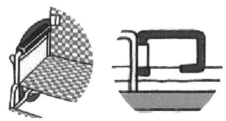

〈利用轮椅的扶手和床边的护栏〉

图 6-45　自行站立移乘

要　点

　　使轮椅的座面和移乘目的地的座面靠近，才能够进行稳定的移乘动作。将轮椅向移乘座面靠近（如上图所示）使臀部的移动距离达到最小。有必要用上肢支撑时有请考虑轮椅的扶手和床的护栏的位置。

●**移乘 2　保持半坐的姿势移乘**

这种移乘方法需要以下条件：

起身能够到座位；臀部能向旁边挪动。

移乘方法和顺序

① 把床和轮椅设定为同样高度；

② 抬起座位，启动刹车，卸下扶手；

③ 把腿放在床和轮椅之间；

④ 稍微把臀部往旁边挪动；

⑤ 在臀部处于床和轮椅间的空隙时，为了更容易移动，可以使用移乘辅助工具（**图 6-46**）。

〈使用移乘辅助工具〉

〈请务必启动刹车〉

图 6-46　保持半坐姿的移乘

> **要 点**
>
> 　　从轮椅站起时，有适当的站立空间是十分重要的。因此需要有容易拆装的脚踏板。用手握住扶手的前端站起时，适合用标准型的扶手。但是如果无法完全站起，在身体要回转时扶手就变成了障碍。这时，办公桌型、可拆卸式或上抬式的扶手比较适用。站立能力较弱时，座面的高度很重要。慢性关节炎等使用者需综合考虑移乘能力与驱动方法之后再决定座面的高度。

●移乘 3　利用辅助进行移乘

分别介绍使用者本人和辅助者的移乘方法。

------------------------------- 站立回转方法 -------------------------------

●护理人员单脚插入对方的膝盖中间，用腰支撑住对方的腰，帮助其站立起来。

●护理人员用膝盖支撑住对方的同时，将对方臀部向轮椅的方向移动。

●轻缓地将腰部放下。
＊出声喊"一、二、三"一起协力合作。

------------------------------- 护理人员从后方协助的方法 -------------------------------

●身体稍微往前倾斜，将移乘辅助板插入使用者臀部底下半分处。将使用者的脚放在座面位置和轮椅座位的中间。

●使用移乘辅助带，扶起使用者的腰，盆骨部位往辅助板一侧斜靠，同时身体向轮椅方向移动。

------------------------------- 吊篮的使用方法 -------------------------------

●使用者难以从床上起身，无法使用上述方法时，可以考虑使用吊篮。

●姿势（图 6-47）

是否正使用以下坐姿

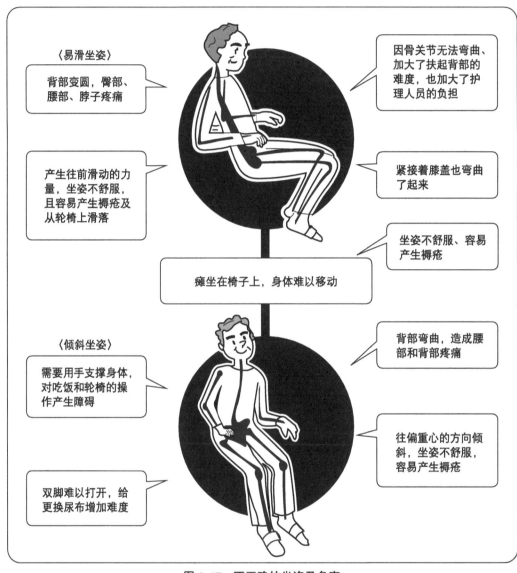

图 6-47　不正确的坐姿及危害

> **要　点**
>
> ※　长时间保持这种坐姿，对于高龄者来说不仅痛苦，也会容易产生褥疮并束缚行动，还增加了从轮椅上翻落的危险性。
> ※　若使用符合身体机能的轮椅，就没必要使用绑带或抑制带。

●驱动 1

〈关于轮椅驱动〉

两手操作 1 ●用两手操作扶手圈驱动轮椅的方法，属于一般的轮椅驱动方法（**图** 6-48）。

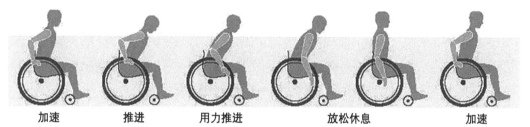

加速　　　　　推进　　　　用力推进　　　　　放松休息　　　　　加速

图 6-48　两手操作轮椅驱动（上肢运动）

●扶手圈的操作区域由轮椅上坐的人
和扶手圈间的关系决定（**图** 6-49）。

主要关注

① 肩、肘、手关节的可动区域
② 扶手圈相对于肩的高度
③ 驱动轮相对于肩的位置也会产生影响

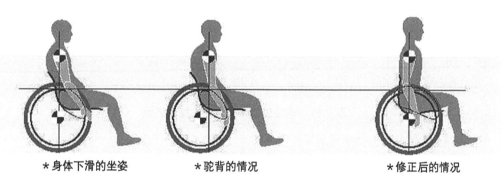

＊身体下滑的坐姿　　　＊驼背的情况　　　　　　＊修正后的情况

图 6-49　两手操作轮椅驱动时应保持正确坐姿（保持坐姿和扶手圈的操作区域）

要　点

〈身体下滑的坐姿〉

●由于往肩后方伸展的角度相对变小，手难以够到扶手圈的后方。
●由于肩的位置下降，肩和扶手圈顶点的距离变短，手难以够到扶手圈的上方。
※　**因此，扶手圈的操作区域往前方移动的轨迹变小。**

➡ ＊调整靠背张力，使骨盆处于突起的状态下，由于有充分的支撑，能够提高上肢和
身体的活动性。同时提高肩的位置，手就比较容易够到扶手圈的上部偏后部。

两手操作 2

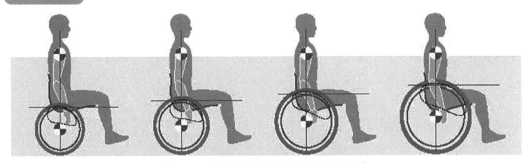

图 6-50　车轮半径与扶手圈的操作区域

●扶手圈的高度由扶手圈的大小决定

＊通常车轮大，扶手圈也大，操作区域就变大（**图 6-50**）。

＊若为小车轮，因为手肘在伸展的状态下更容易够到后方，在手肘、肩关节的可动区域受到限制，或扶手圈的前方操作区域有人在情况下，扶手圈的操作区域会更大。

＊如果只考虑操作区域，即使扶手圈变小也能得到同样的效果。但是此时必须加大驱动力。

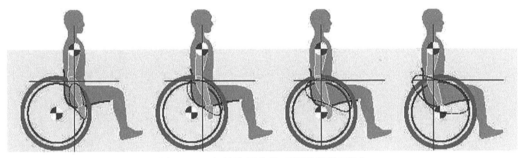

图 6-51　车轴位置和扶手圈的操作区域

＊通常驱动轮越往前方扶手圈的操作区域越大（**图 6-51**）。

＊驱动轮处于轮椅后方时轮椅的安定性更高。

（驱动轮位于越前方轮椅越容易向后翻倒）

＊若车轴前出时，在肩的伸展、肘的弯曲受到限制的情况下，扶手圈的操作区域更大。

　要　点

〈驼背的坐姿〉

●由于肩关节的伸展受到限制，手难以够到扶手圈的后方。

●由于肩的位置往前方移动，手难以够到扶手圈的后方。

※　**因此扶手圈的操作区域往前方移动的轨迹变小。**

➡　＊由于骨骼变形造成驼背的情况下，应放松靠背张力使肩的位置向后移动。

　　＊由于骨盆后倾造成驼背的情况下，应调整靠背张力，使骨盆有充分的支撑力并处于突出的状态下。

●驱动 2

单手·单脚操作

- 脑血管障碍后遗症患者和麻痹症患者，也有用单手、单脚移动的方法（**图** 6-52）。
- 单手、单脚操作使用时，将座面降低到脚后跟能接触地面的高度。座面水平放置，脚靠管翻起使用。

图 6-52　单手·单脚操作轮椅

电动轮椅

- 老年人是否适合使用电动轮椅还需做进一步的探讨。也有"由于电动轮椅是几乎只需要动动手指就可以操作的轮椅，是最适合老年人使用的移动工具"这种说法。电动轮椅一般使用操纵杆来操作，根据操纵杆倾斜的方向和角度来决定轮椅的移动方向和速度（**图** 6-53）。

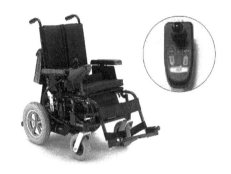

图 6-53　电动轮椅

护理用轮椅

- 自己无法操作轮椅时，需请护理人员协助推动轮椅。

要　点

〈车轮半径〉

- 因为是护理用轮椅，为了减轻整体重量，需要使用半径小的车轮。但是一旦选用了半径小的后轮，使用者将无法自己驱动轮椅，即使只是小小地改变方向也必须依靠护理人员的帮助。需仔细衡量后再做选择。

※后轮的半径变小后，驱动轮椅就需要加大力气，而且前轮上抬的操作会变得更困难。

〈重量和坚固性〉

- 大多数使用者都想拥有轻便的轮椅。究其缘由，大多是由于考虑到遇到门口的台阶不得不搬运轮椅，去医院时不得不将轮椅放入汽车后备厢中等情况。不管何时，"搬运"成了重点。而且，也有人认为越轻便越容易操作。

※越轻便越容易操作的说法，也不是完全准确的。如果轮椅的坚固性不变，轻便的轮椅确实更容易操作。但是，一般的轻便轮椅是采用降低车架的强度（使用细管、简化焊接部位）来达到轻便化。由于坚固性也降低了，需要使用更多的力气，操作反而更困难。

●轮椅的安全使用方法

坡 道

〈上坡〉推车的人身体稍稍向前倾斜，确保
轮椅不会倒退，一步一步向前推。

〈下坡〉下坡时轻轻使用刹车，同时向后方
一步一步向下退。务必使用安全带。

台 阶

〈上台阶的时候〉

●踩住防倾杆使前轮抬起后前进，接着将后
轮向上抬起。

〈下台阶的时候〉

●首先使后轮向后方落下，踩住防倾杆使前
轮保持抬起的状态后退，缓慢地下去。

〇防倾杆

※躺背轮椅配备不易后翻的防倾装置
若只使用手推把和防倾杆抬起轮椅，车体容易负荷过
大而损坏轮椅。 应尽量扶住轮椅车体前方上下台阶。

上下楼梯

●至少需要两位护理人员。一人扶住下方的
腿靠管（若腿靠管为可拆卸式则扶住车
架），另一人扶住上方的手推把（若为折
背式则扶住车架）合力抬上楼梯。

上下电车

●在穿越站台上跟轨道
平行的横沟时，由于
前轮较小且灵活，可
能会嵌入横沟中。应
注意。

●穿越站台上的横沟时应抬起前轮，尤其是
当前轮较小时。前轮以 90°垂直横沟方向
加速，勿在靠近横沟时停留或变换方向。

●轮椅的使用方法

在使用轮椅之前务必阅读使用说明书，使用时务必正确使用。

①立起轮椅后方，扶住左右两侧的扶手轻轻拉开。

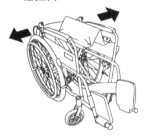

②抬起一边的车片使车轮稍微离开地面，用手把座面管压下去。

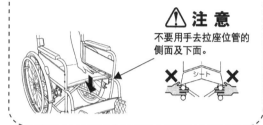

⚠ **注 意**

不要用手去拉座位管的侧面及下面。

③立起靠背。

（没有靠背功能的可以省去第③步骤。）

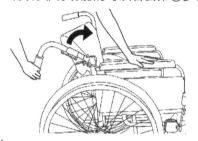

④将踏板往内侧放下。

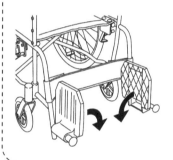

轮椅的折叠方法

①将踏板掀起。

⚠ **警 告**

从轮椅上下来的时候，绝对不能站在踏板上下来，否则轮椅会翻倒，很危险。

②折叠靠背。

（没有折背功能的可省去第②步骤。）

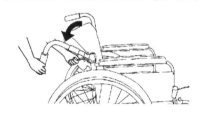

③折叠坐垫。同时用手抬起坐垫的前方和后方的中央部位。

使用上的注意点

在上下轮椅的时候，一定要先将脚踏板掀起，
切勿踩着踏板上下轮椅。
否则，轮椅会有翻倒的危险。

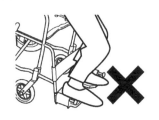

确认轮椅的各个固定部位。

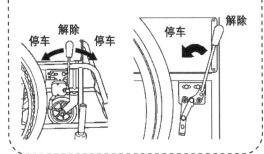

袋子里只能放较轻的物品，
太重的物品会导致轮椅失去平衡。
另外，在扶手挂物品也会失去平衡。
绝对要避免此类事件。

乘坐轮椅行走的时候，身体不要往外探
出。否则，轮椅会变得不稳。

坐在轮椅上时不能去捡前方地面的东西，
也不能做太大的前倾动作。否则，
轮椅会有翻倒的危险。

过铁路道口的时候，车轮要与铁轨成 90°角行走。
如果以倾斜的角度进入，会有陷入的危险。
且一定要在护理人员帮助下穿越。

5.7 轮椅品牌特点介绍

河村轮椅是日本品牌，在中国制造。产品完全按照日本的技术和管理进行生产，因此轮椅质量符合日本产品品质要求。目前河村轮椅在日本市场销售的轮椅基本上也是在中国生产的。

① **材质的特点**

河村轮椅采用的是 7003 系航钛铝合金，这个材质也是应用于飞机、新干线（高铁）等的材质，在保证轮椅强度的前提下，更加轻便。轮椅的主要功能是辅助出行，虽不需要经常搬运，但轻便的轮椅更方便搬运（尤其一些老旧小区没有电梯）。河村轮椅从设计上充分考虑到使用者的需求，同时加粗了管壁厚度和直径，提高了轮椅的整体使用寿命和安全性。其他主要零部件也是从品牌产品中精挑细选，选择符合日本品质要求的环保型材料，且每一批零部件都经过严格检查，努力消除有害物质。

② **生产技术和生产管理的特点**

河村轮椅设计着重以人为本，从使用者角度出发去设计轮椅，轮椅设计更人性化。生产管理更加严格，尤其是对产品品质的监管。因此，虽然在中国生产，品质完全按照日本产品进行监管。

大家普遍觉得进口品牌的轮椅价格比较贵。与廉价的轮椅相比，河村轮椅更加安全、安心、环保。从采购原材料到成车组装，有一套严格的检验机制和先进的检查设备来保证产品的品质。亦有一套严格的产品售后保修制度，保证消费者无后顾之忧。这也是河村轮椅价格较贵的原因。

🐾 主编点评

本章的主笔者是"一般社团法人 QOLTON 研究所"田中理、"法国床株式会社"田原启佐、"株式会社河村"澁谷康弘三位先生。先由田中先生总论辅助产品的国际分类、意义和效果，以及日本介护保险范围内的辅助产品供给机制的相关制度。之后由护理床和轮椅厂家详细说明了最常用的两大类产品，从使命、特点、功能、种类、构造、材质、安全对策，到使用方法、注意事项。辅助产品的分类和精细化程度很高，由此可知，我们看似简单的产品中，蕴含着非常多的知识，选择正确并适合的辅助产品对有需求的老年人来说是需要有专业指导的。

辅助产品最初是为帮助残疾人所生产的，本章也依据了国际标准化组织《残疾人辅助产品——分类和术语》ISO 9999:2016（*Assistive products for persons with disability—Classification and terminology*）规定的辅助产品国际分类标准（最早公布于 1992 年）。主要针对残疾人，也包含了身体功能有障碍的老年人。将辅助产品分为 10 大主类，日本 TAIS 信息系统中目前登记并公开了大约 13 000 种辅助产品，实际市场上至少有 4 万多种产品。

中国于 2004 年制定了国家标准《残疾人辅助器具分类和术语》GB/T16432，依据功能性划分的原则，将辅助器具分为 11 大主类、135 个次类、741 个支类，有上万个品种。11 个主类包括：

1. 个人医疗辅助器具；
2. 技能训练辅助器具；
3. 矫形器和假肢；
4. 生活自理和防护辅助器具；
5. 个人移动辅助器具；
6. 家务管理辅助器具；
7. 家庭和其他场所使用的家具辅助器具；
8. 通信、信息和信号辅助器具；
9. 产品和物品管理辅助器具；
10. 用于环境改善的辅助器具；
11. 休闲娱乐辅助器具。

按使用用途分类为：移动类辅助器具、生活类辅助器具、信息类辅助器具、训练类辅助器具、教育类辅助器具、就业类辅助器具、娱乐类辅助器具。

2014 年 6 月 4 日，民政部正式发布了《中国康复辅助器具目录》，这是我国首次发布国家层面的康复辅助器具目录，遴选中国境内生产、供应和使用的 538 类康复辅具产品，在参考国际标准的基础上，划分为 12 个主类、93 个次类。产品涉及功能障碍人士的工作、学习、生活和社会交往等各个方面，并将国内市场已普遍使用且能保证供应和配置的产品定义为"普适型产品"，充分考虑了功能障碍人士和老年人的实际需求。

老年人使用辅助产品的目标，是为延长老年人能够自立生活的时间。即使到了高龄甚至行动不便，也可以依靠辅助器具完成起居、洗漱、进食、行动、如厕、家务、交流等生活的各个层面。自立生活及自主意识更能体现出人的尊严感和自由度，这也是我们提倡自立支援和尊老化的重要一环。辅助产品还是构建无障碍环境的通道和桥梁。

随着社会进步、技术更新、5G 时代到来，如何通过智能化系统提升老年人生活品质以及支持养老运营服务也是受到广泛关注的课题。例如：通过智能手环、WIFI 和 ICT 技术实现门禁控制；运用 GPS 系统进行实时定位；存在风险时，会通过手机短信的形式将老人信息告知家人或工作人员请求协助。人工智能技术、智能机器人、智能化体感游戏以及 VR、AR、MR 技术也越来越广泛地被应用于老年产品和养老机构。我们有理由相信，今后会有越来越多的"尊老化""智能化"产品呈现。

第7章 日本养老设施实例

1 单元型特别养护老人之家

1.1 设计理念

IAO 竹田设计是在 1976 年以"建造与人们生活的全部相关的建筑，展望未来，响应社会需求，我们与相互理解的伙伴们一起热爱建筑，并希望通过建筑为文化的提高与发展效力"为理念设立的。通过各个领域的建筑设计为社会做贡献。大约在 30 年前，鉴于老龄化社会的到来，创设了医疗、福利部门（**图 7-1 ～图 7-4**）。福利机构可以说是自然的建筑形态，社会福

图 7-1 建筑物外观　　图 7-2 开放式公共区

图 7-3 墙面绿化单元的外观设计

图 7-4 地面上铺了榻榻米和地毯，还营造了绿意盎然的氛围

利的制度和医疗护理现场的实际情况发生变化，与之相关的建筑也自然而然地做出改变。在不断变化的社会潮流中，IAO 竹田设计作为负责任的设计者，在响应委托人和终端用户需求的同时，认为将符合时代的建筑放在心上、致力于设计的姿态很重要。最近，不倾向于以前的郊外型养老设施了，而是倾向于追求人们习惯的城镇或市中心的便利性。下面介绍具体相关实例。

1.2 机构特色

这是位于东京都足立区建造的单元型特别养护老人之家。标准层由每层四个单元构成，首要考虑入住者居住时的心情，地面上铺设了草垫和地毯，这样的配置在东京都内并不多见。规划地周边排列着东京都营住宅区，中层板状集体住宅与成熟的绿化互相辉映，营造出舒适的街景。为避免从建筑物外面可以看到福利机构特有的 360°露台上呆板的包围栏杆及室外机械等设备系统产生的噪声影响外部环境，采用了木纹风格百叶窗对全景进行了美化，并将清水混凝土和墙面绿化单元形成的"green marion"打造成了和谐的外观设计。"green marion"是指利用墙面绿化的汽化热达到抑制周边热岛现象的效果，除了具有隐藏空调室外机的功能外，还起着调和周边街景的作用。此外，还设有具备地域交流的区域和防灾功能（井、炉灶台、沙井厕所）的广场，将其作为公共场所供周边居民使用，同时规划了储备仓库等设施作为防灾点，以备地域防灾之用。通过重审城市与建筑、地域与建筑之间的关系，提出建立不仅考虑入住者的心情，还可确保在东日本大地震后人们能够安心生活以及配备具有利他性环境装置和空间的老年人福利机构方案（图 7-5 ～图 7-7）。

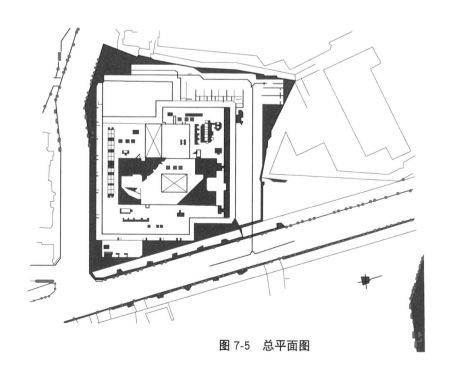

图 7-5 总平面图

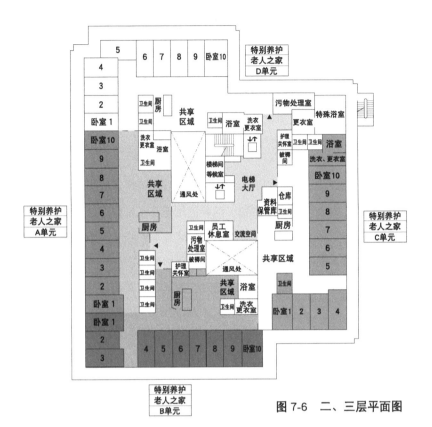

图 7-6 二、三层平面图

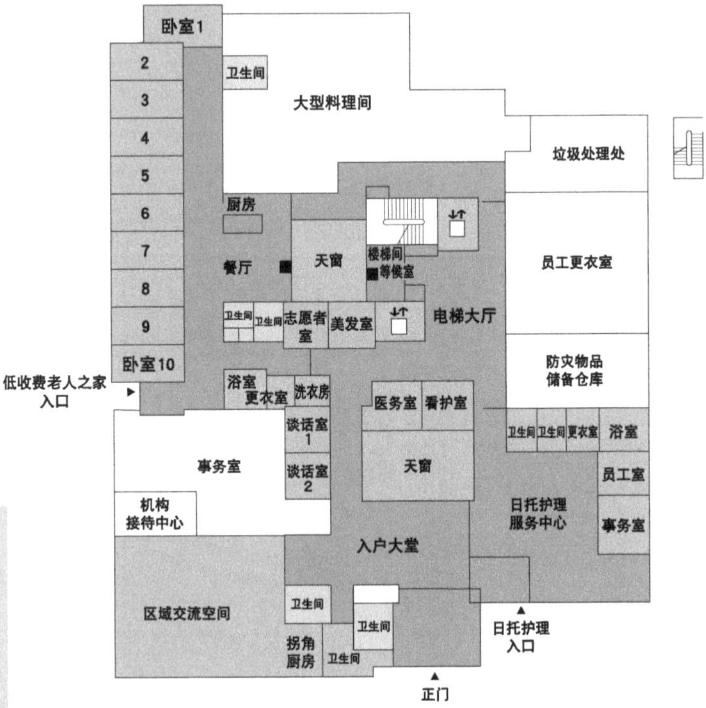

图 7-7 一层平面图

机构概要

特别养护老人之家：100 个床位

短期入住：10 个床位

城市型低收费老人之家：10 个床位

日间照料中心：10 名

RC 钢筋混凝土结构：地上 4 层

占地面积：2865.00m²

总建筑面积：5499.86m²

2 特别养护老人之家＋地域交流区＋日托护理区

2.1 设立背景

为应对特别养护老人之家建设不足的问题，2012 年 7 月被丰岛区实施的机构公开招标选中而设立的可居住 96 名老年人的单间型特别养护老人之家（**图 7-8～图 7-12**）。场地是面朝国道 254 号（春日路）的不规则形土地，原为旧丰岛区立中央图书馆旧址。这块土地跨越容积率 5.0 的商业区与容积率 3.0 的第一类住宅区，具有复杂的占地条件，北侧环绕面朝春日路

图 7-8　树木与绿色的外观设计

图 7-9　感受自然滋润的空间

图 7-10　楼顶的庭园

图 7-11　建筑物外观

图 7-12　采用简约素材的室内装饰

的高层集体住宅和写字楼大厦密集的城市环境，而南侧则是低层木结构住宅密集的居住区。确保所设定的特别养护老人之家的房间数的同时，又可照顾到周边的居民，这是丰岛区公开招标时最重要的条件。与邻近建筑物相邻的西侧和南侧，将建筑物外墙退回 2m 多以降低给周围造成的压迫感。在商业区特别养护老人之家单间有开口的地方，通过在疏散露台的外侧随机布置的木纹风格铝制百叶窗，做出可保护彼此隐私的缓冲过滤窗效果，同时结合装饰于外墙百叶条上的墙面绿化，造成由"木"与"绿"组成的屏风所形成的不规则动态感，从而打造出了可感受自然风情的建筑外观设计。

2.2 温馨的设计

在南侧建筑物的屋顶上设计了绿意盎然的屋顶花园，不仅是入住者，周围高层建筑物居住的人们也可以将美景尽收眼底。为将一层的交流区打造成特别养护老人之家的入住者与地区居民积极交流的舒适空间，不仅设计了充满自然光的天窗，还在窗户的设计上下了功夫。墙面位置处于人的视线水平高度，在低于视线水平位置开窗或开门，使人看不到相邻建筑物，而只能看到身边绿植的设计。因此，虽然处于住宅密集地，却能令居住者感觉到身处被花草树木包围的环境（**图 7-13～图 7-15**）。

室内全部地面采用木质地板装饰，墙面则采用椴木三合板等自然建材来打造温馨环境，给人以"家"而非"机构"的归属感。

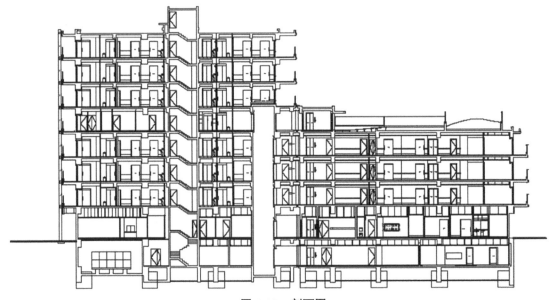

图 7-13　剖面图

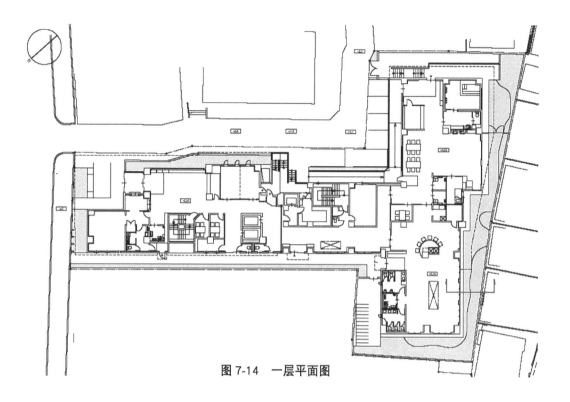

图 7-14　一层平面图

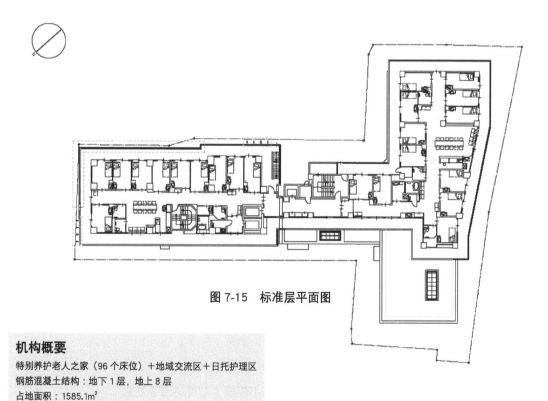

图 7-15　标准层平面图

机构概要

特别养护老人之家（96 个床位）＋地域交流区＋日托护理区

钢筋混凝土结构：地下 1 层，地上 8 层

占地面积：1585.1m²

总建筑面积：4616.71m²

❸ 京都香东园山科

3.1 理念"旨在创建地域茶室"

随着少子化老龄化的加剧，日本人的生活形态大多从以前的三代人共同生活转变为小家庭或一人独居，在这样的日本社会中，香东园山科有意识地按照创建地域中的任何人都能够自然而然地前来的"茶室"这一理念来运营（图 7-16）。

图 7-16　香东园山科外观

随着信息化社会的发展，当今世界人与人之间的关系变得单一，在以京都为代表的日本，居民间的距离和关系都变得越来越疏远。科技使生活变得更加方便，但也因此带来了"孤独死"、认知症和留守儿童等问题。福利机构在地域扎根，缔结人与人之间的关系，创建可使人放心生活的地域中心，以消除上述问题。

京都香东园山科经营着幼儿园、养老机构及咖啡厅，还提供无论是儿童、青年还是老年人都能够沟通交流的活动场所。而且在老年人活动区域、在咖啡厅内还开创了认知症知识学习交流会。

3.2 香东园山科的经营目标

① 在家中居住前来机构进行康复训练的日间照料；

② 出院后，期望重返家庭的护理型老人保健机构；

③ 以家庭为生活中心，必要时前来住宿的小规模多功能型居家护理；

④ 认知症患者专属团体之家；

⑤　为护理程度为重度的入住者提供看护的特别养护老人之家；

⑥　护理程度从轻度到重度均可在一处享受所有服务的机构。

在同一区域范围还设有幼儿园，使香东园山科的工作人员可兼顾育儿和工作，为他们创造良好的工作环境。医生、护士、功能训练师、国家注册营养师、护理援助专员、护理师等专职人员密切协作提供服务（**图** 7-17 ～**图** 7-19）。

图 7-17　地域紧密型复合楼

图 7-18　护理型老年人保健机构外观

图 7-19　咖啡馆 TSUBAKI 内部

3.3 建筑

设计上强调与此前家庭生活时的社会环境相融合，注重创建为生活延长线上的一所养护机构。例如，在门厅和各楼层装饰了以京都为活动中心的三位艺术家以及木村英辉、DOPPEL（BAKIBAKI，MON 艺术家单元）的作品，将养老机构建设成"由静到动的空间"。采用这些作品的目的是使养老机构这一原本在精神上感受到束缚的地方，能够通过艺术手法使人切身体会到归属感（**图** 7-20，**图** 7-21）。

图 7-20　装饰了木村英辉作品的门厅

图 7-21　展示 DOPPEL 作品的公共区域

另外，在装修及家具设计上也采用日式主题。日式主题设计中使用了代表京都町屋建筑的竹、和纸，材料也尽量使用纤维制品。

3.4 服务

在日本养老机构中，餐饮多使用由餐饮供应机构提供的密胺材料制成的餐具。而香东园山科所在的京都市山科区是日本具有代表性的清水烧陶器的产地，因此这家机构内餐具多使用陶器，让入住老人每日生活中期盼的用餐成为最快乐的一件事，用餐过程不仅仅是味觉的体验，在视觉、触觉等方面也都能感受到愉悦。

另外，无论是轻症患者还是重症患者，在这里都能够以兼顾安心与自主援助为原则进行护理。多方采取措施，使服务对象如同住家时一样得以去超市购物，或者定期进行扫墓，参加孙辈的婚礼等活动，使他们即使入住养老机构，仍可过上快乐自由的生活。其中也有喜欢乒乓球的服务对象因在家生活困难而进入机构后，实现了"要再一次手握球拍打乒乓球"的目标，能和家人一起参加乒乓球比赛，也是进行康复训练的措施。

香东园山科针对每一位服务对象的个体因素，再结合环境因素努力使他们实现自主援助。

机构概要

·护理型老年人保健机构
护理老年人保健机构：限员 120 人
日间照料：限员 40 人

·地域紧密型复合楼
小规模多功能型在家护理：限员：日托，15 人；住宿，9 个房间
团体之家：限员 18 人（2 单元）
小规模特别护养老人之家：限员 29 人（3 单元）
短期入住：限员 29 人（3 单元）

❹ 日托康复训练 HIRUZU 康复小金原

4.1 何谓日托康复训练？

在日本的《介护保险法》中，"日托康复训练"是指居家护理需求者往来于护理型老年人保健机构、医院、诊疗所及其他厚生劳动省令指定的机构，并且为恢复身心功能，帮助其过上独立的日常生活而在此机构进行的理疗、操作治疗等必要的康复训练（参见《介护保险法》第八条）。

4.2 服务提供的内容

个别指导康复训练

康复训练的专业人员每月至少提供 4 次一对一的个别康复训练（图 7-22）。

图 7-22　专业人员指导下的康复训练

体力强化器械

引进了健康长寿医疗中心推荐的器材训练。在该机构，特别使用与保持姿势相关的可锻炼股关节周围肌肉、腹肌、背肌的器材和锻炼耐久性的自行车器械，以强化体力及肌肉的耐久性（图 7-23）。

图 7-23　肌肉强化机

促进参与社会活动

机构周围是行政中心、金融机关以及带商业街的步行者专用区域。可进行实践性的步行练习及与日常生活相关的实践性练习（**图 7-24**）。

图 7-24　设施周边有步行者专用区域

接送

接送司机为具有护理资格的人员，可实施身体护理，同时兼任康复训练助手，了解服务对象的身体功能状况，可为服务对象提供安心、安全的接送服务（**图 7-25**）。

图 7-25　安心、安全的接送服务

4.3　机构的特色

· 提供 1～2 小时的短时康复训练，是专门提供康复训练的机构；

· 康复训练的专业人员是专职的，提供专业服务；

· 不论是急性期还是维持期，都可酌情提供适当的康复训练；

· 机构周围很宽阔，有步行者专用区域，可进行应用步行练习和实践性日常动作练习。

4.4　顾客需求

· 有"想○○！"，"希望能够○○！"的目标；

· 想做运动但一个人做不到（要是身边能有一位伙伴或专业人员就好了……）；

· 只想在日托服务中心进行康复训练（不需要洗浴和饮食）；

· 希望和情况与自己相仿的人进行交流。

4.5 设计施工上的要点

· 需在出入口的自动门内侧输入密码才能打开自动门外出；

· 装有大窗户，旨在营造明亮、开放的氛围；

· 康复空间内没有柱子，整体状态可一览无余。

4.6 康复训练的意义

2007年日本整形外科学会提出了运动障碍综合征的说法。定义为"对运动产生障碍而需要护理风险较高的状态"，包括有运动系统功能障碍及有潜在功能障碍。运动系统与呼吸系统、循环系统、消化系统等常见系统同样重要，是与身体运动相关的骨骼、肌肉、关节、神经等的总称。若支撑并操纵身体的器官出现任何障碍或功能下降，都会有碍于日常生活，陷入废用综合征（不使用致使功能下降）的境地，进入需护理状态，这是当前面临的一个问题。

比如，有些是膝盖疼痛或经常闷居在家的人，这样的人肌肉和关节功能低下，容易摔倒。有的甚至站立或行走也变得困难起来，无法像以前一样生活。还有些人因各种疾病而住院，在住院期间体力变得纤弱，虽然在住院期间通过康复训练已经可以在家生活，但出院后无法像往常一样生活而缺少运动，这样的情况似乎很多。

日托康复训练的主要作用就是使这些运动系统功能低下、生活不活跃的人能够过上自己喜欢且更好的生活。在住院时与康复训练人员一起努力进行了康复训练，而回家后一个人什么都做不了，这种情况常有耳闻。要使这些人在家生活更充实，从医院到家庭之间的生活过渡是非常重要的。机构可帮助各服务对象走出家庭与各种人进行交流，与康复训练人员一起实施康复训练，帮助其过上"自己喜欢的生活"。

机构概要
· **人员**
医生：1名（诊疗所兼职）
心理治疗师（理疗师、操作治疗师、功能训练师）：5名
助手：2名（非专职1名）
· **服务对象定额**
上午：20名
下午：20名
· **服务提供时间**
（包含接送时间和在机构停留时间）
上午： 9～13时
下午：13～17时
※上述时间段内提供1小时以上2小时以下的服务。

5 住宅型收费老人之家　Azumashi

5.1 何谓住宅型收费老人之家

　　住宅型收费老人之家是针对老年人的提供饮食、洗浴等生活援助服务的住宅型机构。从介护保险分类来看，不属于机构类而是被划分为集体住宅类。由于终归属于住宅范畴，因此机构的职工原则上不提供护理服务。需要护理时，可使用上门护理等外部服务，但需要另行签订协议。现在的商务规划一般是指引入住者使用同一家公司的介护保险来接受上门护理等外部服务，这种情况比较常见。

图 7-26　建筑物外观

5.2 概要

　　这里介绍的住宅型收费老人之家 Azumashi 是由株式会社 Heart Care Service 于 2012 年 11 月创建的，有 29 个房间，是一家小规模的收费老人之家（**图 7-26 ～图 7-39**）。为两层木结构建筑，全部单间内均设有洗手盆、冷暖气及紧急联络装置。每层的公共区域有 3 个供入住者使用的卫生间，而一部分供残

疾人使用。还设有谈话兼起居室、电视室、洗涤室、干燥室及电梯等。株式会社 Heart Care Service 有两处日托护理机构，其中一处供康复专用。需要康复训练的服务对象或希望进行康复训练的服务对象可使用该日托护理进行康复训练，而且还可接受上门护士站提供的上门指导康复训练。

5.3 特征

　　"Azumashi" 一词是日本津轻地区的方言，意思最接近 "舒适的" 一词。住宅型收费老人之家 Azumashi 具有以下六个 "舒适的" 特征：

　　① 结合每位入住者的情况，提供紧急对应生活咨询及平安确认，"舒适的" 24 小时服务支持。

　　② 腿部残疾者也可感到 "舒适的" 的无障碍设施。在楼梯、卫生间等公共空间设置有扶手等无障碍设施。

图 7-27　前门旁边是事务室

图 7-28　前门内侧设有服务对象使用的鞋柜

图 7-29　前门附近的事务室前
使用空气净化器保持清新空气

图 7-30　电梯与楼梯紧邻设置

图 7-31　一层电梯

图 7-32　一层的餐厅

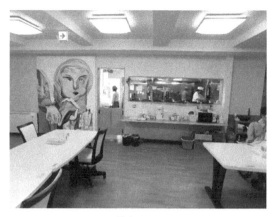

图 7-33　从餐厅可看到厨房

图 7-34　盥洗台与卫生间成套设置每层有三个

图 7-35　二层卫生间壁纸颜色与一层稍有不同

图 7-36　居室中床的布置

图 7-37　居室单人间设有盥洗区

图 7-38　各层的接待区、服务对象的治愈空间

③ 提供与逐日康复相对应的饮食，营养均衡的"舒适的"饭菜。

④ 通过护理助手提供洗浴护理，护理程度较重者也能轻松享受"舒适的"洗浴。

⑤ 在宽敞的居室中轻松休息，在共用区域愉快地交流。居家一样的"舒适的"空间。

⑥ 上门护理可 24 小时提供医疗服务，是非常"舒适的"。

5.4 服务

在 Azumashi 工作人员心中护理是指美味的饮食、24 小时护士实施的援助体制以及居家一样舒适的服务。虽然设计上并没有什么新奇，但设置于一层与二层圆形飘窗的向阳接待室却彰显出设施的豪华。清扫工作也做得无微不至，设施中容易出现的异味一概没有，设置有可喷洒稀释的次氯酸钠的装置进行清洁维护。

几乎所有的入住者护理都可以在株式会社 Heart Care Service 的上门护理事务所、上门看护事务所中实施。而且，除了通常的日托生活护理外，这家公司还拥有康复专用的日托护理事务所，为入住者提供精心的护理。

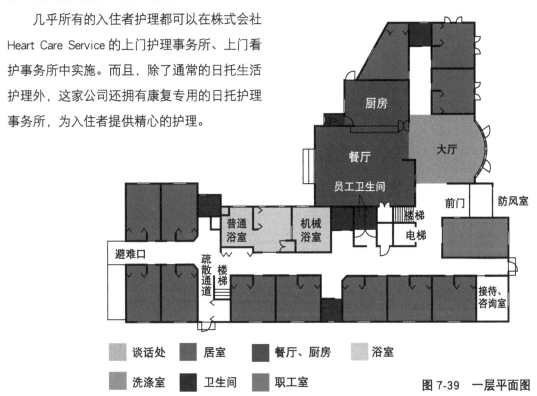

图 7-39　一层平面图

机构概要

结构：木结构／2 层

专用居室：全部为单间，共 29 间，配备有洗手盆、冷暖气、紧急联络装置

公共区域：一、二层均为谈话兼起居室、电视室、无障碍卫生间、洗涤室、干燥室及电梯设备

紧急联络等：24 小时联络体制

医疗机构：除了医院的合作支持外，附近还有多家整形外科、眼科、齿科、内科等医疗机构。

http://www.heartcare-service.com/azumashi.html

6 护理型老年人保健机构 青森 Nursing Life

6.1 何谓护理型老年人保健机构

护理型老年人保健机构适用于介护保险。例如，如因罹患有运动机能后遗症的疾病，虽然急性期曾赴医院就诊，也接受过医院的恢复治疗，但并未恢复至能够在家自立生活的状态，于是为了使患者能够恢复到在家自己生活的状态，保健机构特提供康复训练及饮食、排泄、洗浴、就寝、健康管理等日常生活护理，另外，这也是一家使患者通过锻炼尽可能地恢复到能够在自己家生活为目标的机构（**图 7-40 ～图 7-46**）。

图 7-40　老年人保健机构　青森 Nursing Life

6.2 主要作用

以实施康复训练为主的心理治疗师、医生及护士等的配置标准比护理型老年人福利机构要高，同样，护理报酬的设定也比护理型老年人福利机构要高。这种护理型老年人保健机构主要作用有如下五个：

① 综合护理服务机构

② 康复训练机构

图 7-41　门厅附近的电梯

图 7-42　从门厅到入口，右侧是接待室和办公室，里面是日间照护和康复训练

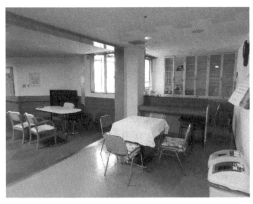

图 7-43　从入口前往日间照护路过的休闲处，中间是自动麻将桌

图 7-44　门厅，旁边是办公室

图 7-45　康复训练室，入住者与日间照护服务对象共用

图 7-46　康复训练室的肌肉力量训练器械

③　在家恢复机构

④　在家生活援助机构

⑤　社区机构

6.3　机构概要

老年人保健机构青森 Nursing Life 位于约 30 万人口的青森市东部地区，机构为 3 层建筑，共 33 间居室，房型多样，单人间至四人间均有，入住限定人数为 100 人，另有附属的日间照料限定人数为 80 人，在当地算是一家规模较大的机构。机构设立于 1989 年 5 月，迄今为止已有三十多年的历史，为青森市较为古老的机构。由社会福利法人惠寿福利会负责运营，惠寿福利会还多方经营有保育园等各种事务所。

6.4　特征

青森 Nursing Life 的特征是以完善综合性保健、医疗、福利为基本理念，尊重服务对象的意愿和人格，为使服务对象能够享受到区域内的综合性服务提供援助。负责入住者护理工作的工作人员多是富有经验的护理职员，可使服务对象安心享受所有服务。机构全体上下都非常注重营造明快、居家的舒适氛围。机构还积极举办各种户外活动，按照不同季节严格挑选活动场地，以满足服务对象对气候的要求。

机构致力于康复训练范畴，在编的理疗师有 7 人，操作治疗师 5 人，语言听力师 1 人，音乐治疗师 1 人。除了对基本动作进行指导外，还在日常生活行动及语言与吞咽方面给予协助，并举办音乐欣赏等休闲活动，给服务对象以细心关怀，让他们的生活更为充实。

机构及其附属日间照料不仅提供康复训练服务，还可上门指导康复训练，并致力于在青森市特别是东部地区提供居家理疗服务。在青森 Nursing Life 特别设立了康复训练室，老年人康复训练所需设备一应俱全。除了入住者使用该康复训练室外，日托人员也在此进行康复训练，希望能够提高并维持运动机能。为了发挥区域性的作用，机构更与其他部门密切合作，将服务重点放在身体机能异常的早期发现及疾病预防上，以医护人员为中心开展业务活动，让服务对象能够安心度过每一天。

机构概要

主要服务内容：饮食、排泄、洗浴等的日常生活护理、机能恢复训练、健康管理、咨询援助、娱乐、介护保险申请代理等。

可入住者：介护保险认定为需护理人员，认定为需要短期入住接受援助的人员也可使用。

入住限员：100 名（包括短期入住者）

房型：单人间、双人间、四人间

http://www.keiju-w.or.jp/

7 护理型老年人保健机构　健汤之川

7.1 机构的理念

机构旨在针对那些虽然日常无需就医治疗，却无法从医疗机构（急性期就医医院和恢复期康复医院）直接出院回家的老年人，在接受康复训练和护理服务的同时能够在家休养恢复（图 7-47～图 7-61）。

图 7-47　建筑物外观

7.2 政策

- 基于介护保险制度的基本理念，始终秉承护理型老年人保健机构、短期入住疗养护理、日托康复训练及上门看护的职责，为提供优质的护理服务而努力。
- 力求强化护理型老年人保健机构应有的"在家恢复援助功能及在家生活援助功能"，推进周边地区的保健、福利以及护理机构创建的体制构建。
- 为使老年人离开该机构后能在熟悉的地区放心且安全地度过居家生活而给予必要的援助，通过机构的居家服务（日托康复训练、短期入住疗养护理及上门看护）和机构法人内的居家服务，加快建立可对这些老年人进行一体化必要援助的机制。

7.3 特点

　　该机构作为医院与在家恢复的过渡机构，存在于介护保险制度实施之前，可接收 150 名老人入住，在北海道也是屈指可数的大规模机构之一。其中 50 床为认知症专区，为认知症病情恶化的服务对象提供专业护理。

图 7-48　门廊

图 7-49　康复训练室

图 7-50　单人间内部

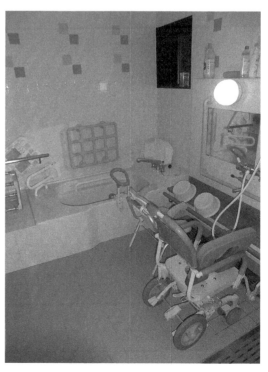

图 7-51　独立浴室

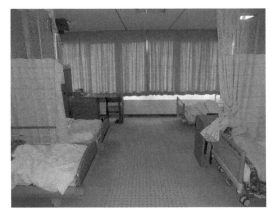

图 7-52　多床间

图 7-53　大浴室

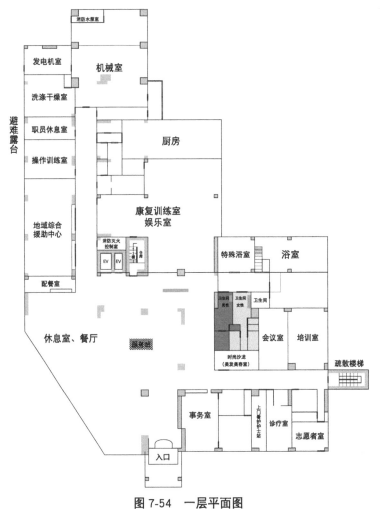

图 7-54　一层平面图

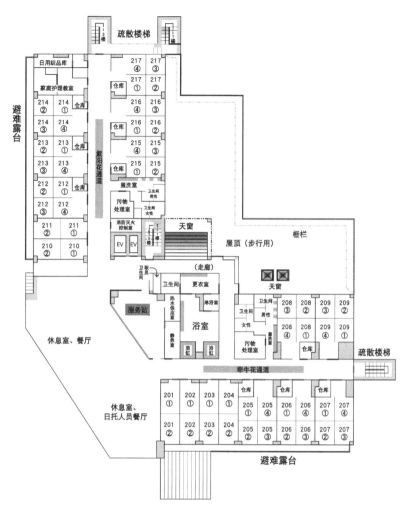

图 7-55 二层平面图

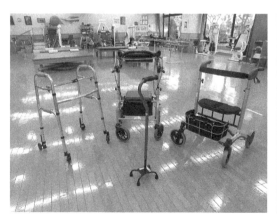

图 7-56 福利用品展示

图 7-57 日托休息室

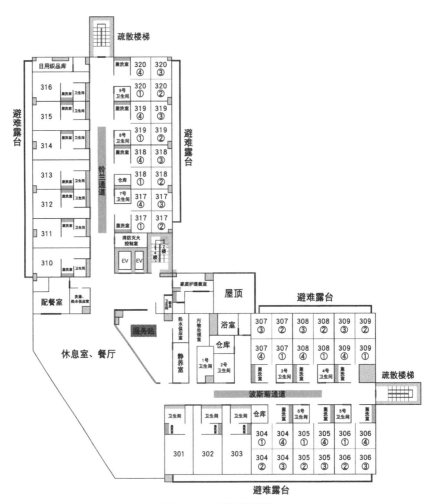

图 7-58　三层平面图

图 7-59　训练设备

图 7-60　室外前院

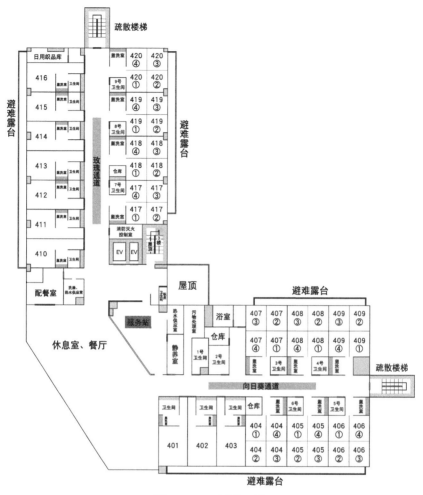

图 7-61　四层平面图

7.4　优点

　　地理位置优越，交通便利，可乘坐市内电车、巴士等公共交通工具通行。若家属居住地较远，需乘飞机前来，从机场也只需 10 分钟左右车程。离主干道也很近，家属来探望很方便。附近有住宅区环绕，地理位置优越。除具有入住功能外，同时还设有短期入住疗养护理功能、日托康复训练事务所以及上门护士站，可不间断地提供从入住机构到居家生活的一体化支持。另外，作为北海道函馆市的委托业务，地域综合援助中心也设立于同一建筑物内，不仅创建了与地区间的联系，还增加了信息共享的机会。

7.5 康复训练的意义（拜访时情形，康复训练实施场景，室外行走等）

机构在编的康复训练专业人员有 6 名理疗师、2 名操作治疗师及 1 名语言听力师，为入住、日托的服务对象提供康复训练服务。特别是针对以居家恢复为目的的服务对象，会配置一名专职理疗师。这位理疗师不仅会指导机能训练，还会在服务对象进入及离开机构时，通过多次上门拜访整理其居住环境并指导家人如何照料，在多部门的联合下作为中心人物存在于关系链中。其他工作人员同样为服务对象的居家恢复、居家生活提供援助，通过与机构内外的多部门联合积极工作。

7.6 设计施工上的要点

机构的建筑物为钢筋混凝土结构（部分为钢结构）的地上 4 层建筑，占地面积 10583.64m²，总建筑面积 7236.7m²。对场地内原有的日本庭园重新进行了修整，用作服务对象与附近居民的休闲场地。建筑物一层配置了日托康复训练事务所、娱乐／康复训练室、浴室、上门护理站、事务及咨询部门以及地域综合援助中心，二层为认知症照护专区（50 个床位），三层、四层为普通楼层（分别有 50 个床位）。

二～四层的入住层分别设有单人间和多人间，作为单间使用的占总数的一半以上。休息室（餐厅）北侧和西侧方向均为居室，便于工作人员掌握服务对象的状态。另外，走廊也可用于康复训练的行走练习，以保证每日的运动量。考虑到采光因素，餐厅设计了大窗户，即使在寒冷的季节也可在窗边享受日光浴。餐厅面前就是前院，这里一年四季樱花、紫藤花等各色花卉竞相盛开，赏心悦目。

7.7 福利器械及各种设备概要

机构配备了多种福利器械以结合服务对象的各种身体状况，进一步提高康复训练的实施效果。多部门会对轮椅、步行器、各种拐杖、居室内床及扶手、用于防止事故的各种传感器等器械进行定期评估，以免过度使用妨碍服务对象的自主生活。浴室里准备了方便步行困难的服务对象洗浴的可作躺椅的专用轮椅，尽量使服务对象能够感受到"进浴缸泡澡"的惬意。

机构开设已有二十余年，最近几年对建筑物内外进行了修整。为了提高服务对象的舒适度，对机构内部的照明设备、家具、冷暖气设备、地板材料等进行了更新。同时考虑到驾车来馆人士的舒适感，机构外部也扩大了停车位，重新铺设了场地内的道路。

机构概要

使用限员

入住：150 人（包括短期入住者）

明细：普通疗养楼　150 个床位（四人间：20 间，单人间：20 间）

认知症专区　50 个床位（四人间：11 间，单人间：6 间）

日托：53 人（每天）

附设业务职员数

● 短期入住疗养护理业务 ※ 包括预防

· 与护理老年人保健机构职员数相同

● 日托康复训练业务 ※ 包括预防

· 看护职员／护理职员

· 医生／理疗师、操作治疗师、语言听力师

● 上门看护业务（上门护士站）※ 包括预防

· 护理职员

合作医疗机构

社会福利法人　函馆厚生院　函馆五稜郭医院

社会福利法人　函馆厚生院　函馆中央医院

职员构成

护理老年人保健机构

● 短期入住疗养护理业务 ※ 包括预防

· 医生、看护职员、护理职员、理疗师、操作治疗师、语言听力师、国家注册营养师、援助咨询员、事务员、护理援助专员

● 日托康复训练业务 ※ 包括预防

· 看护职员、护理职员、医生、理疗师、操作治疗师、语言听力师

● 上门看护业务（上门护士站）※ 包括预防

· 护理职员

8 KOUDAI 护理服务的连锁养老机构

8.1 沿革

KOUDAI 护理服务株式会社自 1995 年成立以来，展开了扎根于地域的护理业务，目前已有 14 个分公司，开展了 24 项业务。

在从未经历过的超高龄社会的今天，时刻都在思索着：我们可以做什么？该怎样担负起老龄化社会的负担？

随着年龄的老化，人的身体功能或认知功能也会降低，无论是谁，年龄的增长对日常生活或多或少都会产生一些障碍。在当代日本，由于家庭小型化的发展，独居老年人和老老护理逐渐增加，不论是自己还是家人，都会感到不安。

KOUDAI 护理服务凭借自创业以来所培养的技术人才，以高质量的护理和看护，一直致力于帮助人们实现"希望在自己习惯居住的区域社会中安心生活"的愿望。

8.2 经营政策

KOUDAI 护理服务株式会社为了提供基于专业知识技术的家庭般温暖的服务，工作人员努力钻研，进行护理时要求自己必须专业化；为了给服务对象提供恰当的护理，以小型护理组团家庭般的氛围，接近服务对象和家人，用心进行适合每个人的护理，努力为入住者提供使其成为主角的"自立自主有尊严的生活"。

8.3 各机构介绍

① 日托服务（以康复训练为中心）

机构名称："康复·兔御影工作室"（图 7-62 ～图 7-66）

  概念：日托服务原则上是指每天回家的前来机构接受服务的护理类型。因为有车接送，所以不需要服务对象的家人接送。"希望给不爱出门的护理需求者提供外出的机会"，这样的情况自然最适合日托护理，"负责护理的家人需要确保工作或育儿时间"时也可使用。日托服务一般提供入浴、排泄、饮食等护理，与生活等相关的咨询、身体检查和其他必要的日常生活护理及机能训练，而以指导康复训练（机能训练）为中心的日托服务的重点是机能训练，其特征是可以上午或下午以半日为单位实施（不含饮食和入浴等）。这对于想好好进行机能训练的人来说是一项很有效的服务。

机构概要

  ·定员：20 人

  ·实施业务：日托服务

  ·从业人员数：10 人（管理者、计划制作担当者、护士、理学疗法士、看护职员等）

所提供服务的特征

  作为以康复训练为中心的服务，通过配置理学疗法士，进行机能训练。可以半日为单位实施，因此受到想好好进行机能训练的服务对象的好评。通过与地区居民的交流（邻近的北欧式健走等），使服务对象的生活更丰富。

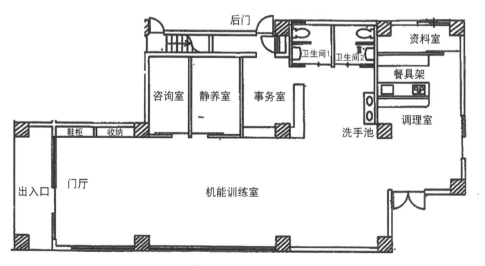

图 7-62 一层平面图

图 7-63　建筑物外观

图 7-64　以康复训练为中心的服务

图 7-65　特殊功能训练

图 7-66　邻近的北欧式越野健走

② 认知症患者的团体之家

机构名称：团体之家"因幡梦之兔"（图 7-67 ～图 7-70）

概念：团体之家是指少数患有认知症的老年人与护理人员共同生活的住宅，在宽敞舒适的环境下过着家庭生活，以期度过安稳的生活。

机构概要

· 定员：18 人

· 实施业务：认知症患者的团体之家

· 从业人员数：16 人（管理者，计划制作担当者，看护职员）

所提供服务的特征

关于已成为日本乃至全球课题的"认知症患者护理"，机构团结一致，深化并实践专业知识，同时与附近的小规模多功能型居家护理（地域紧密型服务）"樱之兔"展开合作，每天都努力构建与老年人的地域共生社会（所谓"地域共生社会"，是指地域居民和地区的多元主体共同参与，人与人、人与资源跨越年龄和领域联结起来，共同创造每个居民的生活和生存意义与地域共生的社会）。

图 7-67 平面示意图

图 7-68 建筑物外观

图 7-69 平静、安心的生活

图 7-70 为实现地区共生社会所采取的措施

③ 小规模多功能型在家护理

机构名称："樱之兔"（图 7-71～图 7-73）

概念：在自己家里生活的老年人根据需要，除了选择日托服务（不住宿服务）外，还可组合使用上门看护（护理援助者的上门服务）或短期入住（住宿服务）服务。小规模多功能型在家护理的优点是，可以在同一个机构接受由熟悉的护理人员提供的三种护理服务。

机构概要

· 定员：12 人

· 实施业务：小规模多功能型居家护理，地域密集型特定机构入住者生活护理

· 各业务从业人员数：10 人（管理者、看护职员、护理职员）

所提供服务的特征

通过与并设的地域密集型特定机构入住者生活护理"带护理收费老人之家兔之乡"，或附近的认知症患者的团体之家"因幡梦之兔"协作，致力于构建与老年人的地域共生社会。积极参加地域活动，日益强化与地域居民之间的交流。

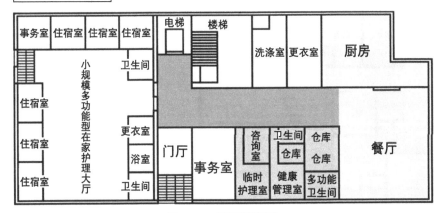

图 7-71 平面示意图

图 7-72 建筑物外观

图 7-73 以有意义的生活为目标

④ 地域密集型特定机构入住者生活护理

机构名称：带护理收费老人之家"兔之乡"（图 7-74、图 7-75）

概念：受日本介护保险制度指定的小规模老人之家。可以使入住者尽量自理日常生活的 24 小时制小规模的老人之家。提供饮食、入浴等日常生活方面的支援和机能训练等。

机构概要

· 定员：29 人

· 实施业务：地域密集型特定机构入住者生活护理，小规模多功能型在家护理

· 各业务从业人员数：20 人（管理者、生活咨询员、机能训练指导员、看护职员、护理职员、调理员等）

所提供服务的特征

通过与并设的小规模多功能型在家护理"樱之兔"或附近的认知症患者的团体之家"因幡梦之兔"协作，致力于构建与老年人的地域共生社会。积极参加地域活动，日益强化与地域居民之间的交流，努力使入住者每天的生活更加充实。

图 7-74 建筑物外观①

图 7-75 建筑物外观②